水利工程维修养护施工工艺

主编　王怀冲　单建军

中国水利水电出版社
www.waterpub.com.cn
·北京·

内 容 提 要

本书为沂沭泗流域范围内水利工程维修养护施工工艺汇编，是以淮河工程集团有限公司制定的企业施工工艺操作标准为基础进行编写的。结合淮河工程集团有限公司维修养护工程实践经验，根据工程类别将本书划分为堤防工程、控导工程、水闸工程、泵站工程、管理设施和专项工程6章。书中共收录了42项施工工艺，每项施工工艺按照工艺适用范围、施工准备、操作工艺、质量标准、成品保护、施工中应注意的质量问题和安全问题等方面进行编写。本书还选取、总结了淮河工程集团有限公司在维修养护施工中部分优秀施工工艺、设备和器具等方面的创新应用作为本书的附录，供大家参考。

本书可供水利工程维修养护企业使用，也可供水利工程管理工作人员参考。

图书在版编目（CIP）数据

水利工程维修养护施工工艺 / 王怀冲，单建军主编. -- 北京：中国水利水电出版社，2018.12
ISBN 978-7-5170-7212-6

Ⅰ. ①水… Ⅱ. ①王… ②单… Ⅲ. ①水工建筑物－维修 Ⅳ. ①TV698.2

中国版本图书馆CIP数据核字(2018)第284437号

书名	水利工程维修养护施工工艺 SHUILI GONGCHENG WEIXIU YANGHU SHIGONG GONGYI
作者	主编 王怀冲 单建军
出版发行	中国水利水电出版社 （北京市海淀区玉渊潭南路1号D座 100038） 网址：www.waterpub.com.cn E-mail：sales@waterpub.com.cn 电话：(010) 68367658（营销中心）
经售	北京科水图书销售中心（零售） 电话：(010) 88383994、63202643、68545874 全国各地新华书店和相关出版物销售网点
排版	中国水利水电出版社微机排版中心
印刷	北京合众伟业印刷有限公司
规格	184mm×260mm 16开本 9印张 213千字
版次	2018年12月第1版 2018年12月第1次印刷
印数	0001—1800册
定价	**48.00**元

编　委　会

前言

实施“管养分离”十几年以来，在淮委沂沭泗水利管理局的正确领导下，淮河工程集团有限公司（以下简称“淮工集团”）认真履行维修养护企业职责，在提高维修养护施工管理水平、提升维修养护企业管理能力等方面做了卓有成效的探索和努力，较好地完成了沂沭泗水利管理局直管工程维修养护施工任务，养护企业队伍得到健康稳定发展，基本建成了制度化、规范化、专业化的维修养护企业。

随着工程维修养护经费的持续稳定投入，工程维修养护工作得以全面细致开展，有效遏制了工程的老化、退化，保持了工程的完整、安全和正常运用，工程面貌发生了显著变化，逐步形成了一批以枢纽水闸为中心的风景区和以河道堤防为导线的绿化长廊。2011—2013 年，灌南河道管理局、刘家道口水利枢纽管理局、嶂山闸管理局先后通过国家级水管单位考核验收。2013 年、2016 年，沂河刘家道口枢纽水利风景区、骆马湖嶂山水利风景区相继被水利部评为国家级水利风景区。

淮工集团高度重视维修养护施工管理工作，把标准化建设作为科学合理实施维修养护项目的重要内容。为保证工程维修养护项目施工规范化、专业化，实现施工作业工艺流程的标准化和各项管理流程的程序化，努力降低成本，提高企业经济效益和社会效益，进一步提升维修养护施工管理水平，淮工集团组织主要技术和管理骨干力量，针对集团公司所承担的维修养护项目，总结多年来一线施工管理经验，编写了本书。

本书以《水利工程维修养护定额标准（试点）》和《堤防工程养护修理规程》（SL 595—2013）为编写依据，《沂沭泗直管水利工程维修养护技术质量标准》为质量标准依据，将维修养护分为堤防工程、控导工程、水闸工程、泵站工程、管理设施和专项工程 6 章进行介绍。全书共 42 项施工工艺，每项施工工艺按照工艺适用范围、施工准备、操作工艺、质量标准、成品保护、施工中应注意的质量问题和安全问题等内容进行编写。同时，书中还选取、总结了淮工集团在维修养护施工中部分优秀施工工艺以及设备和器具等方面的创新应用作为附录供大家参考。

在本书的编写过程中，得到了淮委沂沭泗水利管理局相关领导的大力支持，并在工艺体例、工艺内容、操作标准上给予了悉心的指导，在此表示由衷的感谢。

本书既是对淮工集团多年来维修养护项目施工工艺的总结，也为以后施工作业提供了工艺操作的规范标准。由于编者水平有限，在编写过程中难免存在一些不足，希望各位同仁在今后的维修养护施工中及时向我们反馈意见，以便进一步提高完善。

编者

2018年9月

目录

第1章 堤 防 工 程

1.1 堤防林木更新、补植施工工艺

1.1.1 适用范围

本工艺适用于堤防范围内行道林、防浪林、护堤林的林木更新、补植，所指树种主要为杨树。

1.1.2 施工准备

（1）机械准备：小型挖掘机、汽油泵、水罐车、运输车等。

（2）材料准备：选择优质苗木。

（3）作业条件：当年春季3月上旬至4月初选择同树种苗木补植。施工前保证交通道路通畅，方便机械材料进出。就近选择水源，用于浇水，无水源地段应配备水罐车，以保证后期植树用水。

1.1.3 操作工艺

1.1.3.1 工艺流程

施工准备 → 定点、放线 → 挖树坑 → 起苗 → 运苗 → 栽植 → 养护管理 → 检查验收

1.1.3.2 施工操作要点

（1）施工准备（选苗）。

1）确认苗木品种选购无误。在选苗前须仔细核对确认工程所需苗木品种，如若不慎，则可能会导致因品种错误而耽误工期，并给一方或双方造成不必要的经济损失。

2）尽量选用本地苗木。选用本地苗圃繁育的苗木或引进后在本地苗圃驯化后的苗木对本地土壤和气候条件的适应性更强；选用本地苗木还可以避免苗木的长途调运，能够保证苗木随起随种，成活率更高；同时还可避免将外地的病虫害带入本地。

3）外地购苗。外购苗要尽量选择与本地气候、土壤等苗木生长环境条件差异不大的苗源地或经实践证明能够保证在本地种植成活的苗源地的苗木。外地购苗因产地不同等原因，苗木价格有时差异较大，但为了保证种植成活率，首先要确保苗木的质量。

4）实地看苗。根据设计所提出的苗木规格及品种要求实地看苗，一要看苗木数量是否充足；二要看苗木根系是否发达，生长状况是否符合要求，有无病虫害，以免出现差错而导致不必要的损失或耽误工期。

（2）定点、放线。在定点、放线施工前要做充分细致的准备工作，施工人员要对施工区域进行全面的测量和统计，结合设计方案与现场进行对比，再根据实际情况，确定放样方法（根据实际情况，适当的调整行距和位置）。行道树为道路两侧成行列式栽植的树木，要求栽植位置准确、株距相等。一般是按设计要求定位好株距，根据现场情况以已有道路堤肩边线为依据定点，然后用皮尺、钢尺或测绳定出行位，再按设计定株距，用白灰在所

挖坑穴的位置上做记号，以确定每株树木坑穴的位置。防浪林、护堤林定点、放线以行道树作为株行位控制标记，然后用皮尺、钢尺或测绳定出株行位用白灰点标出单株位置，保持所栽植树木纵横成行。造林密度按设计要求执行。

（3）挖树坑。树坑的质量对植株以后的生长有很大的影响。一般用小型挖掘机按设计确定的位置及尺寸进行挖掘，挖坑时将表土和心土分开放置，方便后期回填。坑穴或沟槽口径应上下一致，以免植树时根系不能舒展或填土不实。

操作方法有手工操作和机械操作两种：

1）手工操作。主要工具有锄或锹、十字镐等。具体操作方法：以定点标记为圆心，以规定的坑（穴）径（直径）先在地上划圆，沿圆的四周向下垂直挖掘到规定的深度。然后将坑底挖（刨）松、整平。栽植露根苗木的坑（穴）底，挖（刨）松后最好在中央堆个小土丘，以利树根舒展。挖（刨）完后，将定点用的木桩仍放在坑（穴）内，以备散苗时核对。

2）机械操作。挖坑（穴）机的种类很多，根据需要选择适用的规格型号。操作时轴心一定要对准定点位置，挖至规定深度，整平坑底，必要时可加以人工辅助修整。

（4）起苗。苗木质量的好坏是影响成活的重要因素之一。为提高栽植成活率和以后的效果，起苗前必须对苗木进行严格的选择和标记（在根部以上70cm处用红漆做记号确认）。苗木数量上应多选出一定株数，以供备用。

1）试掘。为保证苗木根系规格符合要求，在正式起苗之前，应选数株进行试掘，以便发现问题，采取相应措施。

2）起苗出圃前，一是要先浇一次透水，一方面让苗木本身的水分得到补充，另一方面使土壤疏松，保证根系多带根、少伤根；二是对苗木进行修剪，先确定修剪量，第一次剪去修剪量的2/3，栽植后再进行一次修剪，剪去修剪量的1/3，并整理树身。特别注意在起苗过程中切莫刨成“独根苗”“鸡爪苗”，尽量扩大根幅，以避免苗木的损伤和失水。

3）手工掘苗法及质量要求：根据树种苗木大小，在规定的根系规格范围之外挖掘。用锋利的掘苗工具，于规格范围之外，绕苗四周垂直挖掘到一定深度并将侧根全部切断，然后于一侧向内深挖和适摇苗木，试找深层粗根，并将底根切断，遇粗根时最好用手锯锯断，然后轻轻放倒苗木并打碎外围土块。总之，掘苗时一定要保护大根不劈裂，并尽量多保留须根。

苗木挖完后应随即装车运走。如一时不能运走可在原坑埋土假植，用湿土将根埋严。如假植时间长，还要根据土壤干燥程度，设法适量灌水，以保持土壤的湿度。

（5）运苗。装车前的检验：运苗装车前，须仔细核对苗木的规格质量等，凡不合规格要求的，应要求苗圃方面予以更换。起掘苗木的运输与工地栽植密切配合是保证成活的重要环节之一，实践证明“随掘、随运、随栽”对植树成活率最有保障。

1）装运苗木时，应树根朝前，树梢向后，顺序码放。

2）车后箱板，应铺垫草袋、蒲包等物，以防碰伤树根、树干。

3）树梢不得拖地，必要时要用绳子围拢吊起，捆绳子的地方也要用蒲包垫上，防止勒伤树皮。

4）装车不得超高，压得不要太紧。

5）装完后用苫布将树根盖严、捆好，以防树根失水。

6）苗木运到现场指定地点后卸车时要爱护，轻拿轻放，裸根苗要顺序拿放，不准乱抽，更不能整车推下。卸完后的苗木需随手将根部用稻草等物盖好，必要时洒水养护，条件允许时用水浸泡3～5d。

7）苗木运到施工现场后注意保护，不得损伤树根、树皮、枝干。

（6）栽植。

平面位置必须符合设计规定，树身上、下应垂直。如果树干有弯曲，其弯向应朝当地风方向。行列式植树，应事先栽好“标杆树”，方法是：每隔20株左右，用皮尺量好位置，先栽好一株。然后以这些标杆树为瞄准依据，全面开展定植工作。

1）在栽植树苗之前要对树苗进行修理，包括清除病虫树枝、疏枝打叶、清除并生枝和交叉枝，可减轻树冠重量，对防止树木倒伏也有一定作用。树苗在栽植时，放入到树穴中的树根应该以自然的形态来散开，土壤填至1/3处时，轻轻地提起树干之后左右摇动一下，其目的是使土壤松散；之后再继续填土，填到一半时再踏实一次；最后再浇水。散苗速度应与栽苗速度相适应，边散边栽、散毕栽完，尽量减少树根暴露时间。

2）如若遇到大土块或回填土土质不好时，在使用前一定要进行土壤的打碎工作。在没有打碎之前，不允许进行回填工作。若大土块不易打碎，就得利用外调表层土回填根部，其上再回填原状土，这样有利于提高苗木成活率。

3）苗木未能及时栽完，应选用湿土将苗根埋严，进行“假植”或者放到水中进行浸泡养护。

（7）养护管理。

1）浇水养护：灌水是保证树木成活的关键，应立即灌水。栽后干旱季节必须经一定间隔连灌三次水。

a. 第一次浇水：苗木栽好后，无雨天气在24h之内，必须灌上第一遍水。水要浇透，使土壤充分吸收水分，有利土壤与根系紧密结合，这样才有利成活。

b. 扶直封堰：浇第一遍水渗水后的次日，应检查树苗是否有倒、歪现象，发现后应及时扶直，并用细土将堰内缝隙填严，将苗木固定好。水分渗透后，用小锄或铁耙等工具，将土堰内的土表锄松，称“中耕”。中耕可以切断土壤的毛细管，减少水分蒸发，以利保潮。

c. 第二次浇水：扶直封堰后，先用土在原树坑的外缘培起高约15cm的圆形地堰，并用铁锹等将土拍打牢固，以防漏水便于灌溉。二次浇水要控制好浇水量，一般在3d内再复水一次，复水后若发现泥土下沉，需在根际补充栽培土。

d. 浇第三遍水要在第二次完成之后的20d左右进行，以便确保树苗能够及时获取水分，并待水分渗入后，用细土将灌水堰内填平，使封堰土堆稍高于地面，确保苗木的成活。

e. 除新造幼林要立即浇水外，在4—6月干旱季节，要对所栽林木适时灌溉，以保证林木旺盛生长。

2）为防治牛羊等牲畜对新栽苗木的伤害，一般用完全消解后的生石灰水对苗木进行刷白处理，刷白高度控制在1.2m左右。全部工作完成后对所栽苗木进行定期或不定期巡查看管，防止人为破坏。

3）病虫害防治。

要想做好树木病虫害的控制，需要在树木生长的不同时期采取相应的措施。一般最常见的病害有腐烂病和溃疡病，发病时间为每年的3—5月，主要防治药物为代森锰锌和甲基托布津。防治方法为两种药物混合稀释300～500倍在3月底至4月上旬抹干，抹干高度不宜超过树干高度的2/3，注意不能触碰到新发嫩叶。虫害主要有草履蚧和杨小舟蛾等，可用毒死蜱及氯氰菊酯混合稀释500～800倍喷雾防治。

（8）检查验收。

要保证一定的绿化率且树木整齐美观，无病虫害。及时发现病虫害，及时对症下药，综合防治，确保苗木成活率达到90%以上。

1.1.4 质量标准

（1）苗木规格与品质符合设计要求。

（2）株距、行距及栽植深度符合设计要求。

（3）树木整齐美观，无病虫害，株距、行距适宜，形成生物防护体系，达到保护、美化堤防工程的效果。防浪林、护堤林缺损率小于5%，行道林缺损率小于2%。

1.1.5 成品保护

（1）树木更新、补植栽植完成后遇阴雨、大风气候后，应及时安排养护人员进行苗木扶正、踩实等工作。

（2）安排养护人员巡查是否有人为破坏、病虫害及缺水现象。

1.1.6 施工中应注意的质量问题

（1）苗木选择：应选用顶芽饱满、苗干通直健壮，一般高度不小于4m、胸径不小于2.5cm，无机械损伤、无病虫害，根系发达的2年生无絮杨树。局部土质不良、风力较大堤段可以酌情选用1年生苗木，以提高苗木栽植成活率。

（2）苗木供应基地尽量就近选用，以避免长途运输造成树苗缺水、损伤，影响成活。

（3）严格控制树坑开挖尺寸（符合图纸设计要求）及栽植深度。

（4）浇水必须浇足，以往树坑外流为标准。水泵流量不宜过大，以免冲刷土壤，且不利于水分下渗。控制不到位将直接影响到树坑保水及苗木的成活率。

1.1.7 施工中应注意的安全问题

（1）机械挖坑的人员要遵守所使用机械的安全操作规程，机械的各种安全装置必须齐全有效。

（2）了解施工地段的地上、地下情况，包括：有关部门对地上物的保留和处理要求等；特别要了解地下各种电缆及管线情况，以免施工时造成事故。

（3）苗木装卸及运输时，应防止造成剐蹭、倾轧等伤害。

（4）严禁酒后上岗。

1.2 堤防林木养护施工工艺

1.2.1 适用范围

本工艺适用于堤防范围内行道林、防浪林、护堤林的维修养护，所指树种主要为杨树，主要包括树木浇水、喷药、除虫、修剪、刷白等。

1.2.2　施工准备

（1）机械准备：汽油泵、水罐车、喷药机、运输车、拌和桶、毛刷、树木修剪工具（高枝剪）、锤子、錾子等。

（2）材料准备：灭害药品、生石灰、盐、油、石硫合剂等。

（3）作业条件：

1）注干除虫：一般在春季和秋季注射为宜，此时打孔注药对树木造成的伤害小。

2）树木修剪：夏季主树干长出树芽时要及时剪掉；每年进入冬季时，要对树木进行合理修枝，以改善杨树的树干和树冠的形状，形成分布均匀的树冠。

3）树木刷白：刷白一般在10—11月对树木用石灰水刷白。

1.2.3　操作工艺

1.2.3.1　工艺流程

（1）树木注干：施工准备→打孔→注射药物→封孔→检查验收。

（2）树木修剪：施工准备→树木修剪→清理枝条→检查验收。

（3）树木刷白：施工准备→定点放线→配料搅拌→人工刷涂→检查验收。

1.2.3.2　施工操作要点

（1）树木注干。

1）目的：防治杨树蛀干害虫。

2）优点：药液注入树干后，通过输导组织输送到树干的每个部位，不存在常规喷雾防治方法中的喷洒不到位和漏喷的问题，只要害虫取食就会死亡，因此防治效果较好。

3）注干时间：一般在春季和秋季注射为宜，此时打孔注药对树木伤害小。

4）药物选择：一般使用内吸性杀虫剂，如氧化乐果乳油、6%吡虫啉、5%啶虫脒等。

5）注干方法：

a. 打孔。用手电钻或人工在树干基部沿树干圆周每10cm长度打一个与树干向下呈45°角的孔，一般打孔的深度为3～4cm，并使各孔上下错位。胸径10cm以下的杨树，打孔方法采用2人一组，1人带1个马钉和1把锤子，每株树打2～4个孔，较大的树木可适当增加孔数。

b. 施药。用注射器将药剂均匀注入各孔，注射药剂的速度要缓慢，以免药液溢出洞口造成浪费。胸径10cm以下每1cm胸径0.7mL；胸径11～15cm每1cm胸径0.8mL；胸径16～20cm每1cm胸径0.9mL；胸径20cm以上每1cm胸径1.0mL。

c. 封孔。注药后用黄泥巴封口，封口一定要封严，否则洞内积水易造成腐烂。

6）检查验收：采取“随查随封”的方式，对遗漏或效果不佳的封孔进行补封，以防伤口腐烂。

（2）树木修剪。

1）修剪目的：改善杨树的树干和树冠的形状，加速杨树的生长。

2）修剪的时间：夏季主树干长出树芽时要及时剪掉，进入冬季对树木要进行合理修枝，以形成分布均匀的树冠。

3）修枝：在修剪较小的侧枝时，人工用快刀或锯在侧枝的基部（不留残桩）一次全部修除。修剪较大的树枝时，可采用分步作业法，先在离要求锯口上方20cm处，从枝条下方向上锯一切口，深度为枝干直径的一半，从上方将枝干锯断，留下一条残桩，然后从锯口处锯除残桩，可避免枝干劈裂。栽植1～3年内的树木基本不修枝。修枝要看树干上侧枝的生长情况，一般1～2年内干高1.5m内的枝全部修除，3～4年内干高1.5～3m内的全部修除。5年以上的树木视情况而定，要求目干通直、无干桩、干橛（即死节、死钉）。

4）清理枝条：修剪下来的枝条要及时清理、集中运走，以保证环境整洁。

5）检查验收：修剪应不留桩头。采取“随查随修”的方式，对遗漏或效果不佳的树木进行补修，并及时处理剪下的枝条。

（3）树木刷白。

1）一般在10—11月用石灰水对树木进行刷白，以达到整齐划一。

2）涂白剂配制：

生石灰∶水∶盐∶油∶石硫合剂原液＝8∶18∶1∶0.1∶1

a. 用少量的水将盐溶解，备用。

b. 用少量的水将生石灰化开，然后加入油，充分搅拌，加入剩余的水，制成石灰乳。

c. 将石硫合剂原液和盐水加入石灰乳中，搅拌均匀，备用。也可仅用生石灰、水和少量盐制成涂白剂。

3）定点放线。

为了保持树木刷白高度整齐划一，对涂白高度设定一个统一的标准，将树干刷白高度统一控制在离地1.2m，用红漆或涂白剂做好标志。

4）人工刷涂。

由树干上部做好标志的地方往下涂白，刷子的走向是自下而上，纵向涂抹。要求涂抹均匀、周到，有一定的厚度，并且薄厚适中。对树皮缝隙、洞孔、树杈等处要重复涂刷，避免涂白剂流失、刷花刷漏、干后脱落。

5）检查验收。

采取“随查随补”的方式，对遗漏或效果不佳的树木进行补刷，确保达到防冻和防治病虫害的目的。

1.2.4　质量标准

（1）树木注干：用药量准确，封口严密。

（2）树木修剪：保持林木适当树冠高度和枝条密度，修剪齐整、美观。

（3）树木刷白：

1）刷涂以离地面1.2m为宜，应涂成同一高度，整齐划一。

2）刷涂时以不流失及干后不翘、不脱落为宜。

1.2.5　成品保护

加强日常巡查，防止人为破坏。

1.2.6　施工中应注意的质量问题

（1）树木注干。

1）注入农药应稀释，尽可能用原液，一般使用2～5倍液。

2）由于使用的药液浓度比常规防治方法使用的浓度高，特别是使用高毒农药时更要做好安全教育，确保注干人员做好个体防护方可作业。

（2）树木修剪。

1）小杨树不宜大修枝，以免削弱树势，抑制生长。一般1～3年生杨树少量整型修枝，保持通直树干，4～5年生杨树修枝到树高的1/3处，6年以后修枝到树高的1/2处。最下一枝距地面高6～8m时可停止修枝，过度修枝会影响树势，抑制生长。

2）行道树修剪时，有专人维护现场，以防锯落大枝砸伤过往行人和车辆。同时合理安排作业密度，以防相邻作业人员互相干扰，造成不必要的伤害。

（3）树木刷白。

1）涂白剂要随配随用，不得久放，使用时要将涂白剂充分搅拌，以利刷匀，根颈处必须涂到。

2）确保刷白高度统一标准为离地面1.2m，几乎成一条直线，确保整体美观。

1.2.7 施工中应注意的安全问题

（1）树木注干。

1）规范用药：要严格按照要求用药。用药时不能谈笑打闹、吃食物、抽烟等，如中途休息或工作完毕必须用肥皂或碱水洗净手脸。工作服要经常洗涤干净。

2）施工人员应当做好一切安全防护措施，穿戴好工作服、风镜、口罩、手套等。

3）用药过程如有不适，应立即离开现场，安静休息，如症状严重应立即送医院治疗，且不可延误。

4）药剂应设立专库储存，专人负责。药剂一经领出，作业班应指定专人保管、配制，严防丢失；作业完毕，当天将剩余药剂全部退回药库，严禁库外存留。药剂的包装材料一律收回，集中处理，不得随意乱放乱丢。

（2）树木修剪。

1）操作时思想集中，不许打闹谈笑，严禁酒后上岗。

2）修剪工具要坚固耐用，防止误伤和影响工作。

（3）树木刷白。

1）消解石灰时，不得在浸水的同时边投料、边翻拌，不得触及正在消解的石灰。

2）涂白剂运输车辆的各种安全装置齐全有效，严禁酒后上岗。

1.3 土方养护施工工艺

1.3.1 适用范围

本工艺适用于堤防、水闸和泵站工程的土方维修养护施工。主要内容包括：堤顶、堤坡、护堤地、上堤路口、堤身补残及雨淋沟土方修复，以及水工建筑物（水闸、涵洞、泵站等）土方工程维修养护。

1.3.2 施工准备

（1）机械准备。

机械设备：挖掘机、推土机、自卸车、洒水车、压路机、冲击夯和石夯等。

仪器设备：水准仪、经纬仪、测绳、皮尺、钢尺、坡度尺等。

（2）材料准备。

土料质量应符合设计及规范要求。

（3）作业条件。

维修养护现场符合施工条件，保持现场运输、机械调转作业方便。

1.3.3　操作工艺

1.3.3.1　工艺流程

施工准备 → 清理杂物 → 测量放线 → 基层刨毛 → 土方分层回填、压实 → 面层整修 → 检查验收

1.3.3.2　施工操作要点

（1）清理杂物：清理土方需清除回填部位的土体表面附着物，将附着在表层的尖锐体、杂草、树木、树根、乱石子等杂物清除干净。淤泥、弹簧土需挖除清理干净，然后进行回填土分层压实处理。

（2）测量放线：根据设计图纸、方案、任务书要求进行测量放线，并用石灰粉、灰土等有色材料将边线抛撒出来作为控制线。边端需砸契木桩，并引入高程以便控制标高。

（3）基层刨毛：在控制线范围内，将土层表面的硬层进行刨毛处理，刨毛厚度不少于5cm，以保证新覆土体与原土体紧密结合。

（4）土方分层回填、压实：土体须分层回填、压实。对于大面积集中修复的土方，铺土厚度、压实遍数、含水率等压实参数宜通过碾压试验确定，铺土厚度和土块限制直径参照表 1.3-1。对于小面积或局部维修，铺土厚度参照《堤防工程验收评定标准》（SL 634—2012）中表 5.0.5-2。

表 1.3-1　铺土厚度和土块限制直径表

压实功能类型	压实机具类型	铺料厚度/cm	土块限制直径/cm
轻型	人工夯、机械夯	15～20	≤5
	5～10t 平碾	20～25	≤8
中型	12～15t 平碾、斗容 2.5m³ 铲运机、5～8t 振动碾	25～30	≤10
重型	斗容大于 7m³ 铲运机、10～16t 振动碾、加载气胎碾	30～50	≤15

（5）碾压、夯实：机械压实防止漏压、欠压、过压，具体根据压实度、土质含水量、碾压机械等情况确定。压路机碾压不到的地方采用蛙式打夯机或人工夯实。

（6）面层整修：回填土应根据设计要求和土质、地质情况预留沉降量，并进行清理整平，保证与接触面平顺交汇。

（7）检查验收：土方回填压实后及时进行测量校验，确保施工质量。全部完工后进行检测验收。

1.3.4　质量标准

（1）堤顶维修养护：堤顶、堤肩、道口等达到平整、坚实、无杂草、无杂物。

1）堤顶达到堤线顺直、饱满平坦，无明显洼陷、起伏现象；保持向一侧或两侧倾斜，坡度为2%～3%；保证排水顺畅，各项指标符合设计方案要求。

2）堤肩保持边线平顺规整，无明显坑洼。

（2）堤坡维修养护：应保持设计坡度，坡面平顺，无雨淋沟、陡坎、洞穴、陈坑、杂物等。

1）戗台（平台）应保持设计宽度，台面平整，平台内外缘高度差符合设计要求。

2）堤脚线保持连续性和清晰顺滑。

3）坡面土体密实，无明显下洼现象。

（3）上堤路口维修养护：在对路口损耗的土方进行补充或修复时，应保持上堤坡道顺直、平整，无沟坎、凹陷、残缺等。

（4）护堤地维修养护：应做到边界明确、地面平整、无杂物；界梗出现残缺时，应及时回填土方修复。

（5）水工建筑物土方维修养护：填土区应保持土体密实，无雨淋沟、浪窝、塌陷、裂缝现象。

1.3.5　成品保护

应经常对土方工程进行养护，保持堤顶路面平整完好，堤坡平顺规整，水工建筑物回填土方保持土体密实，及时处理堤坡雨淋沟、塌坑等水毁部位。

1.3.6　施工中应注意的质量问题

（1）选择优质材料：为了保证填土工程的质量，应选择含水量符合压实要求的同质土为填方土料，并且不能含有树蔸等杂物。

（2）严格控制铺土厚度：填方施工应接近水平地分层填土、分层压实，每层的厚度根据土的种类及选用的压实机械而定。应分层检查填土压实质量，符合设计要求后，才能填筑上层。当填方位于倾斜的地面时，应先将斜坡挖成阶梯状，然后分层填筑，以防填土横向移动。

（3）优化施工机械。

1）土方养护以机械施工为主，辅以人工。在堤坡土方养护过程中尽量用大型机械在堤顶及堤脚操作施工。由于堤坡种有树木，如有大型机械无法施工的情况则用小型机械施工。

2）土体压实尽可能采用机械碾压，因地势、环境原因需人工夯实的须选择适宜的夯实机具，以保证质量及安全。

（4）控制压实质量：填土压实采用碾压法；压实填方时行驶速度不宜过快，一般平碾不应超过2km/h；保证土料含水量，及时检测土体压实度。

（5）保护好现场控制桩及高程点。

1.3.7　施工中应注意的安全问题

（1）人机配合土方作业，必须设专人指挥。

（2）机械作业时，配合作业人员严禁处在机械行走范围内。配合人员在机械行走范围内作业时，机械必须停止作业。

（3）对现场内地上、地下各种管道、电缆及建（构）筑物等应采取安全保护措施。

（4）机械挖方、堆土、夯实等应采取安全技术措施。

（5）人工挖方的边坡或支撑须做好安全防护措施。

（6）施工人员配戴安全帽，施工区设置必要的安全警示标志和安全防护设施。

（7）尽量避免夜间施工，如确需夜间施工，应制定夜间施工安全技术措施。

1.4　混凝土路面修复施工工艺

1.4.1　适用范围

本工艺适用于堤顶混凝土路面修复施工项目。

1.4.2　施工准备

（1）机械准备。

根据工程规模、施工质量和进度要求，配置合适的施工机械，其技术性能应满足混凝土路面施工的要求。机械设备主要有自卸车、破碎锤、挖掘机、插入式振捣器、混凝土摊铺机、抹光机、混凝土切缝机、纹理制作机、灌缝机、普通水泵、移动式发电机、移动式照明设备等。

（2）材料准备。

1）原则上选用商品混凝土。原材料检测资料由商品混凝土站提供，包括材料质量检查、混凝土配合比试验等内容。工程量较少时，可以采用自拌，保证拌和质量。

2）水泥强度、物理性能和化学成分应符合国家标准及有关规范的规定。

3）粗细骨料、水、外掺剂及接缝填缝料应符合设计和施工规范要求。

（3）作业条件。

混凝土路面修复施工应将基层清理干净，经检测各项指标达到设计和规范要求后进行。

1.4.3　操作工艺

1.4.3.1　工艺流程

施工准备 → 破损路面拆除 → 基础整修 → 模板制安 → 混凝土拌和与运输 → 混凝土浇筑 → 混凝土抹面、压槽 → 拆模 → 切缝、清缝 → 养护 → 灌缝 → 检查验收

1.4.3.2　施工操作要点

（1）施工准备工作。

1）破损路面拆除：对路面破损严重，无法采用灌缝等措施修复的混凝土路面，使用切割机配合破碎锤进行拆除；整幅损坏的混凝土面层也可使用切割机配合挖掘机进行拆除。拆除的混凝土面层废料，应按要求运至指定地点。

2）测量放样：测量放样是混凝土路面施工的一项重要工作。原则上以未破损路面作为基准面。在浇筑混凝土过程中，要做到勤测、勤核、勤纠偏。

3）基础整修：破损混凝土拆除后，应对基础表面进行清理，基面应按设计要求整平压实，并进行洒水湿润。

4）模板制作安装。

a. 立模前要检测基层的顶面标高和路拱横坡以及基层表面有无 磨损破坏等，否则要整修基层至符合要求才可立模铺筑混凝土。路基检验合格后，即可按照放线安设模板。

b. 模板采用钢模板，模板应无损坏，有足够的刚度，高度要与混凝土路面板厚度一致。模板两侧用铁钎打入基层固定。模板的顶面与混凝土道路顶面齐平，并与设计高程一致；模板底面与基层顶面紧贴，局部低洼处（空隙）事先用水泥砂浆铺平并充分夯实。模板要支立稳固，接头严密平顺，模板的接头以及与基层接触处不得漏浆。

c. 模板安装完毕后，再检查一次模板相接处的高差和模板内侧是否有错位和不平整等情况，有错位和不平整的模板应拆去重新安装。如果正确，则在内侧面均匀涂刷一薄层隔离剂，以便拆模。

（2）混凝土的拌和与运输。

1）混凝土拌制。

为了确保按照施工配合比拌制混凝土，确保工程质量，原则上采用商品混凝土。

2）混凝土运输。

采用混凝土泵车及时、快速地将混凝土运至摊铺现场。混凝土从泵车出料至浇筑完毕的允许最长时间应符合表 1.4-1 的要求。为保证混凝土的质量，在运输中应考虑蒸发失水和水化失水（指水泥在拌和之后，开始水化反应，其流动下降），以及因运输的颠簸和振动使混凝土发生离析等情况的发生。

表 1.4-1　　混凝土从泵车出料至浇筑完毕的允许最长时间

施工气温/℃	允许最长时间/h	施工气温/℃	允许最长时间/h
5～10	2	20～30	1
10～20	1.5	30～50	0.75

（3）摊铺与振捣。

1）摊铺。

摊铺混凝土前，对模板的间隔、高度、润滑、支撑稳定情况和基层的平整、润湿情况等进行全面检查。

混凝土混合料运送车辆到达摊铺地点后，一般直接倒入安装好侧模的路槽内，并用人工找补均匀，如发现有离析现象，用铁锹翻拌。

在模板附近摊铺时，用“扣锹”的方法，严禁抛掷和搂耙，以防止离析。在模板附近摊铺时，用铁锹插捣几下，使灰浆捣出，以免发生蜂窝。

2）振捣。

振捣混凝土混合料时，用插入式振捣器振捣同一位置不宜少于 20s。插入式振捣器移动间距不宜大于其作用半径的 1.5 倍，其至模板的距离不大于其作用半径的 0.5 倍。同一位置的振动时间，以不再冒出气泡并泛出水泥砂浆为准。

混凝土在全面振捣后，再用混凝土振动梁进一步振实、整平。混凝土振动梁往返2～3遍，使表面泛浆，赶出气泡。混凝土振动梁移动的速度要缓慢而均匀，前进速度以 1.2～

1.5m/min为宜。对不平之处，及时铺以原混凝土混合料人工找补填平。混凝土振动梁行进时，不允许中途停留。

最后，再用平直的滚杠进一步滚揉表面，使表面进一步提浆并调匀。滚杠的结构一般是挺直的、直径75～100mm的无缝钢管，在钢管两端加焊端头板，板内镶配轴承，管端焊有两个弯头式的推拉定位销，伸出的牵引轴上穿有推拉杆。这种结构既可滚拉又可平推提浆赶浆，使表面均匀地保持5～6mm的砂浆层，以利密封。整平时必须保持模板顶面整洁，接缝处板面平整。下班或不用时，要清洗干净，放在平整处，不得暴晒或雨淋。

（4）抹面与压槽。

1）混凝土路面的抹面：吸水完成后立即用粗抹光机抹光。最后用靠尺板检查路面平整度，符合要求后人工抹光。

2）压槽：抹面完成后进行表面横向纹理处理。压槽时应掌握好混凝土表面的干湿度，现场检查可用手试摁。确定适当后，在两侧模板上搁置一根槽钢，槽钢平面朝下、凹面朝上，为压纹机提供过往轨道。

（5）缩缝施工。

接缝是混凝土路面的薄弱环节，接缝施工质量不高，会引起板的各种损坏，并影响行车的舒适性。因此，应特别认真地做好接缝施工。

采用混凝土切缝机进行切割，并由专人操作，切缝宽度控制在4～6mm。伸缩缝必须垂直，缝内不得有杂物。

根据经验，切缝一般在混凝土浇筑后12～15h内进行。路表温度开始下降时是比较合理的切缝时机。由于混凝土内部拉应力急剧增加，为了尽早释放混凝土内部应力，可以每隔一道横缝先进行一次切缝，待所有横缝切好后，再补切剩余部分。

首次切缝时要先试切，不啃边即可开锯。所有的接缝在切割时，要清洗、吸尘（切缝时用来冷却刀头的水，要能够收集并排走，不要积聚在路表）。

在扩缝完成后，必须对缝用高压水流清洗，并用钢丝刷进行二次清洗，最后再用高压空气吹净。

混凝土道路养护期满后应及时用沥青填封接缝。填封前必须保持缝内清洁，防止砂石等杂物掉进封内。

（6）拆模。

拆模时间应根据气温和混凝土强度增长情况确定。拆模后不能立即开放交通，只有混凝土道路达到设计强度时，才允许开放交通。

1）拆模时要操作细致，不损坏混凝土板的边、角。

2）拆除的模板要清除干净，堆放整齐。

1.4.3.3 季节性施工

（1）雨期施工。

1）雨期施工时，应备足防雨篷或塑料薄膜。防雨篷支架宜采用焊接钢结构。

2）铺筑中遭遇阵雨时，应立即停止铺筑，并使用防雨篷或塑料薄膜覆盖尚未硬化的混凝土路面。

3）被阵雨轻微冲刷过的路面，视平整度和抗滑构造破损情况，采用硬刻槽或先磨平再刻槽的方法处理。对被暴雨冲刷后路面平整度严重损坏的部位，应尽早铲除重铺。

（2）高温期施工。

1）当现场气温不低于35℃时，应避开中午高温时段施工，可选择在早晨、傍晚或夜间施工。

2）模板和基层表面，在浇筑混凝土前应洒水湿润。

3）混凝土拌合物浇筑中应尽量缩短运输、铺筑、振捣、压实成活等工序时间，浇筑完毕应及时覆盖、养护。

4）切缝应视混凝土强度的增长情况，宜比常温施工适当提早切缝，以防断板。特别是在夜间降温幅度较大或降雨时，应提早切缝。

（3）冬期施工。

当室外日平均气温连续五昼夜平均温度低于5℃时，混凝土路面的施工应按冬期施工规定进行。

1）混凝土路面在抗压强度尚未达到5.0MPa时，应严防路面受冻。

2）混凝土拌合物的浇筑温度不应低于5℃。当气温在0℃以下或混凝土拌合物的浇筑温度低于5℃时，应将水加热搅拌（砂、石料不加热）；如水加热仍达不到要求时，应将水和砂、石料都加热。加热搅拌时，水泥应最后投入。

3）材料加热应遵守下列规定：

a. 在任何情况下，水泥都不得加热。

b. 加热温度应为：混凝土拌合物不应超过35℃，水不应超过60℃，砂石料不应超过40℃。

4）混凝土板浇筑时，基层应无冰冻、不积冰雪，模板及钢筋积有冰雪时，应清除。混凝土拌合物不得使用带有冰雪的砂、石料，且搅拌时间应比规定的时间适当延长。

5）混凝土拌合物的运输、铺筑、振捣、压实成活等工序，应紧密衔接，缩短工序间隔时间，减少热量损失。

6）应加强保温保湿覆盖养护，可先用塑料薄膜保湿隔离覆盖或喷洒养护剂，再采用草帘、泡沫塑料垫等在其上保温覆盖。遇雨雪必须再加盖油布、塑料薄膜等。

7）冬期施工时，应在现场增加留置同条件养护试块的组数。

8）冬期养护时间不得少于28d。允许拆模时间也应适当延长。

1.4.4 质量标准

（1）应保持路面雨后无积水，无坑槽、裂缝、起伏、翻浆、脱皮、泛油、龟裂、啃边等现象。

（2）接缝的位置、规格、尺寸应符合设计要求。

（3）路面拉毛或机具压槽等抗滑措施，其构造深度应符合施工规范要求。

（4）面层与其他构造物相接应平顺。

1.4.5 成品保护

（1）宜用塑料保湿膜、土工毡、土工布、麻袋、草袋、草帘等，在混凝土终凝以后覆盖于混凝土板表面；目前常用的为覆盖塑料保湿膜，经常保持潮湿状态。路面的初期养护时间一般应不少于7d。

(2) 昼夜温差大的地区，混凝土板浇筑后3d内应采取保温措施，防止混凝土板产生收缩裂缝。

(3) 混凝土板在养护期间和填缝前，未达到设计强度应禁止车辆通行。在达到设计强度的40%以后，方可允许行人通行。

1.4.6 施工中应注意的质量问题

(1) 为防止混凝土板块裂缝或断板，应在成活后对混凝土板及时覆盖养护，养护期间必须经常保持湿润，不得暴晒或风干，初期养护时间一般不应少于7d；混凝土施工的工作缝不应设在板块中间，应设置在胀缝处；及时切缝，当混凝土达到设计强度的25%～30%时（一般不超过24h）可以切缝，以切缝锯片两侧边不出现超过5mm毛茬为宜；加强对路基和基层施工时密实度、稳定性、均匀性的检查；混凝土振捣时，防止漏振或过振。

(2) 为防止空鼓，垫层表层应清理干净，去除浮浆、油渍；基底需用水湿润。

(3) 混凝土面多余的泌水应及时除去，施工时可以用皮管吸去多余泌水，也可用海绵吸取、转移多余泌水。

(4) 每仓混凝土的摊铺、振捣、整平、做面要连续进行，不得中断。如因故中断要设置施工缝。

1.4.7 施工中应注意的安全问题

(1) 工程开始施工前，项目部应及时向施工班组进行安全技术交底，下达安全技术交底单，并由双方签字确认，确保施工安全。

(2) 现场施工人员必须佩戴合格的安全帽，穿反光服。

(3) 施工现场应设置明显的警示标志。

(4) 道路施工时应封闭交通，在需维修道路两侧及最近的上堤路口放置醒目的安全警示标志。待养护期满后再开放交通。

1.5 沥青混凝土路面修复施工工艺

1.5.1 适用范围

本工艺适用于堤顶沥青混凝土路面破损修复项目。

1.5.2 施工准备

(1) 机械准备：摊铺机、铣刨机、振动压路机和胶轮压路机等。

(2) 材料准备：水稳碎石、乳化沥青、成品沥青混凝土等。

(3) 作业条件。

1) 正式施工前应准备好需用的沥青混合料生产、运输、摊铺、碾压等设备，并进行必要的校验调试工作。

2) 铺筑前应检查下承层的质量，检验合格后方可铺筑沥青混合料。

3) 施工前对各种施工机具做全面检查，并经调试证明其处于性能良好状态。机械设备数量应足够，施工能力应配套，关键设备应有备用设备或应急方案。

1.5.3 操作工艺

1.5.3.1 工艺流程

施工准备 → 拆除 → 基础处理 → 水稳碎石基础修复 → 喷洒下封层 → 沥青混凝土面层施工 → 养护 → 检查验收

1.5.3.2 施工操作要点

(1) 拆除作业。

1) 测量放线：道路封闭后，按设计要求并根据现场损坏情况，用白色自喷漆喷线放出铣刨控制边线，明确开挖边界。

2) 铣刨作业。

a. 铣刨机使用型号可根据需修复路面宽度及面积大小确定。

b. 根据画线位置进行铣刨。

c. 铣刨机在起点沿着一侧就位，摆正位置，根据自卸汽车车厢高度调好出料口高度位置。自卸汽车停在铣刨机正前方等待接收铣刨料。

d. 启动铣刨机，由两位技术人员操作左右两边的铣刨深度控制仪，按要求调好深度。待深度调好后，由操作手进行铣刨操作。

e. 铣刨过程中，前方由专人指挥，其职责如下：①指挥自卸汽车向前移动，以免铣刨机的出料传送带碰到自卸汽车后车厢；②观察车厢是否装满，车厢满载时指挥铣刨机停止输出铣刨料；③指挥下一辆自卸汽车就位接收铣刨料，同时指挥铣刨机的掉头或者倒车工作。

f. 铣刨过程中，两位技术人员紧跟铣刨机，观察铣刨效果，如果出现铣刨深度不对或者铣刨不彻底的情况，应及时调整铣刨深度；如果出现铣刨面不平整或出现深槽情况，应及时检查铣刨刀头是否损坏，若有损坏则应及时更换，以免影响铣刨效果。

g. 铣刨过程中，水车在附近随时待命，因为铣刨需要消耗大量的水，需要及时加水。

h. 铣刨以分段形式进行。要求一次铣刨成型，将旧沥青混凝土路面及基层一次彻底铣刨干净，不得遗留边角。

i. 因为是零星铣刨，位置分散，铣刨完成后，在铣刨的坑槽边放置明显的警示标志，避免出现安全隐患。

(2) 基础处理：开挖过程中及时清理路基上的树根、杂草等附着物，确保路基平整，局部软弱地基须进行夯实加固处理。

(3) 水稳碎石基础修复。

使用成品水稳碎石进行摊铺，注意基础的平整度、路拱、厚度，摊铺前洒水湿润。

1) 基层为 20cm 水稳碎石（水泥剂量不应大于 5.0%，配合比为：水泥∶碎石＝4∶96）。

2) 摊铺：用自卸车将成品的水稳碎石运至摊铺点进行施工。水稳碎石采用挖掘机进行摊铺。在进行混合料的摊铺之前，应该将基底层进行彻底清扫，机械摊铺后人工进行整平，并以“宁高勿低，宁铲勿补”为原则，在摊铺中尽量做到一次整平。

3) 碾压：摊铺后的混合料必须当天碾压完毕，使用振动压路机和光轮压路机进行碾压，要直线纵向碾压，遵循先两边后中间的原则。振动压路机第一遍静压，其后立即进行找补，找平后进行 4 遍以上振压，然后用光轮压路机碾压，轮迹要重叠，碾压至水稳碎石基层无明显轮迹痕印，达到无漏压、无死角，确保碾压均匀，并经取样压实度试验达到质检标准要求为止。

4）养护：水稳碎石在碾压成型后进行洒水养护。养护期不少于7天，确保基层表面处于湿润状态，禁止车辆通行，确保整体强度和稳定性满足规定要求。

（4）下封层。

在水稳碎石基础完成后，为满足下一步施工要求，首先要把水稳碎石面层范围内的垃圾等杂物清除干净。用乳化沥青作为下封层，用喷洒车进行喷洒。

1）洒布黏层沥青前人工清扫1～2遍后再用吹风机吹掉下承层空隙中的灰尘。

2）黏层采用沥青洒布车进行洒布，洒布前先对喷嘴与洒油管进行预热，确保每个喷嘴及洒油管无堵塞。调整好喷嘴的喷射角，使各个相邻喷嘴的喷雾扇在其下角能有少量的重叠。

3）洒布沥青首先从靠近中央分隔带开始向路两侧喷洒，为确保无漏洒现象，控制相邻洒布带重叠10～15cm。洒布量控制为0.15～0.3kg/m^2（以沥青质量计）。

4）洒布时，对喷洒区域附近的结构物和树木采用塑料布覆盖，防止污染。

5）洒布要均匀，要严格控制喷油量，宁少勿多，不允许出现油包。

6）洒布黏层乳化沥青后，严禁沥青混合料运输车外的其他车辆、行人通过。

7）在沥青混凝土摊铺时，如被沥青混凝土运料车黏走，或遇雨天将黏层冲坏处，应及时人工补洒。

8）洒布沥青材料的气温低于10℃，表面干燥，大风天影响洒布质量时，不予洒布。

9）黏层沥青洒布后待其破乳、水分蒸发后方可铺筑沥青混凝土面层。

（5）沥青混凝土面层。

1）沥青混合料的拌制和运输。

a. 采用成品沥青混凝土进行摊铺。

b. 拌和后的沥青混合料均匀一致，无花白，无粗细料分离和结团成块等现象。

c. 混合料出厂温度为：石油沥青混合料130～160℃。

d. 沥青混合料用自卸卡车运至工地，运输车辆上要有覆盖设施。

2）沥青混合料的摊铺：采用机械、人工相配合进行摊铺，对机械无法摊铺的部位，由熟练的工人进行摊铺。用耙子找平2～3次，对铁锹、耙子等工具涂抹少许油水混合液。找平要迅速，要在碾压前找平完成，以免温度下降过大，难以压实。

a. 沥青混合料必须缓慢、均匀、连续不间断地摊铺。摊铺过程中不得随意变换速度或中途停顿，压路机碾压速度参照表1.5-1。

表1.5-1　压路机碾压速度　单位：km/h

压路机类型	初压		复压		终压	
	适宜	最大	适宜	最大	适宜	最大
钢筒式压路机	2～3	4	3～5	6	3～6	6
轮胎压路机	2～3	4	3～5	6	4～6	8
振动压路机	2～3（静压或振动）	3（静压或振动）	3～4.5（振动）	5（振动）	3～6（静压）	6（静压）

摊铺机螺旋送料器不停顿地转动，两侧保持有不少于送料器高度 2/3 的混合料，并保证在摊铺机全宽度断面上不发生离析。

b. 为保证摊铺机能以合适的速度进行均匀、连续地摊铺，必须确保车辆的运输能力与摊铺机的能力相匹配；在沥青混合料的拌和、运输及摊铺过程中，加强施工工艺管理，尽量降低混合料的离析。

c. 摊铺过程中一旦不能连续供料时，摊铺机将剩余混合料摊铺完，抬起熨平板，做好临时接头，将混合料压实，避免出现长时间等候，以至混合料冷却结硬。摊铺机施工时，有专人指挥运输车辆调头、倒车。混合料未压实前，施工人员不得进入踩踏。

d. 摊铺遇雨时，立即停止施工，并清除未压实成型的混合料。遭受雨淋的混合料要废弃，不得卸入摊铺机内摊铺。

3）碾压。

a. 控制好开始碾压时沥青混合料的温度以及压路机碾压速度。

b. 压路机从外侧向中心碾压，最后碾压路中心部分，压完全幅为一遍。

c. 初压时用振捣压路机（关闭振捣装置）静压 2 遍，初压后检查平整度、路拱，必要时予以修整，复压时用振捣压路机碾压 4 遍至稳定、无明显轮迹，最后用胶轮压路机碾压 4 遍；边口部位用振动压路机进行夯实加固处理，做到新老部位平齐无错槎。

d. 压路机碾压过程中有沥青混合料沾轮现象时，可向碾压轮洒少量水，严禁洒柴油。

1.5.4 质量标准

路面整洁，无杂物、垃圾，平均每 10m 长堤段纵向高差不大于 10cm。保持路面雨后无积水，无坑槽、裂缝、起伏、翻浆、脱皮、泛油、龟裂、啃边等现象。

1.5.5 成品保护

沥青混凝土面层施工完成，让其自然冷却，沥青路面表面温度低于 50℃后，再开放交通，以避免损坏路面。

1.5.6 施工中应注意的质量问题

（1）沥青面层不得在雨天施工，当施工中遇雨时，应停止施工。雨季施工时必须切实做好路面排水。

（2）当施工气温低于 5℃时，不宜摊铺热拌沥青混合料。

（3）压路机在碾压一个轮迹，折回点必须错开，形成一个阶梯，用压路机打斜摸平。

（4）压路机不得随意停顿，而且停机时应停靠在硬路肩上或倒到后面温度低于 70℃的地方；再起机时，要把停机造成的轮迹碾压至消失。

（5）碾压与构造物衔接处或桥面及路面边缘时，工长要亲自随机指挥碾压，压不到的死角应由人工夯实。

（6）压路机碾压过程中有沥青混合料沾轮现象时，可向碾压轮洒水或加洗衣粉的水，严禁洒柴油，严重时派民工用锹清理干净，同时修补沾起的路面。

1.5.7 施工中应注意的安全问题

（1）施工时必须做好防护准备，配备手套、口罩、眼罩等，以防烫伤。热物料溅上皮肤，应立即冷却降温清除，同时涂抹烫伤油膏，施工时禁止吸烟。

（2）容器和工具必须及时清理。

（3）道路施工时，应封闭两侧道路，在需维修道路两侧及两侧最近的上堤路口，放置醒目的安全警示标志。

（4）夜间施工时，必须有充足良好的照明设备。

（5）工程开始施工前，项目部应及时向施工班组进行安全技术交底，下达安全技术交底单，并由双方签字确认，确保施工安全。

1.6　泥结碎石路面修复施工工艺

1.6.1　适用范围

本工艺适用于堤顶泥泞影响车辆通行的泥结石堤顶道路修复工程。

1.6.2　施工准备

（1）机械准备：翻斗车、汽车或其他运输车辆、挖掘机、洒水车、压路机、夯实机具等。

（2）材料准备：碎石、石屑、黏土、水等。

（3）作业条件：

1）设置控制铺筑厚度的标志，如标高桩。

2）采取有效降水措施，保持无水状态。

3）铺筑前，应经过有关单位验收，包括水平标高、地质情况等。

1.6.3　操作工艺

1.6.3.1　灌浆法

（1）工艺流程：施工准备→摊铺碎石→预压→灌浆→带浆碾压→检查验收。

（2）施工操作要点：

1）施工准备：包括准备下承层及排水设施、施工放样、布置料堆、拌制泥浆。泥浆一般按水土比为0.8∶1～1∶1的体积比配制。过稠、过稀或不均匀，均将影响施工质量。

2）摊铺碎石：在路槽筑好以后，按虚铺厚度（压实厚度的1.2～1.3倍）摊铺碎石，要求大小颗粒均匀分布，纵横断面符合要求，厚度一致。碎石的最大颗粒尺寸，当用作面层时，不得大于面层厚度的0.6倍；当用作基层时，不得大于基层厚度的0.8倍。在面层中，可采用尺寸为15～25mm的碎石，嵌缝料可用5～15mm的石屑；在基层中，可采用尺寸为35～50mm的碎石，嵌缝料为15～25mm的碎石。

3）预压：碎石铺好后，用轻型压路机碾压，碾速宜慢，每分钟约25～30cm，轮迹重叠1/3轮宽。一般碾压3～4遍，至石料无松动为止。过多碾压将堵塞碎石缝隙，妨碍灌浆。在直线路段，由两侧路肩向路中线碾压；在超高路段，由内侧向外侧，逐渐错轮进行碾压。碾压完第一遍就应再次找平。

4）灌浆：在预压的碎石层上，灌注泥浆，浆要浇得均匀、浇得透，以灌满孔隙、表面与碎石齐平为度，但碎石棱角仍应露出泥浆之上。

5）带浆碾压：灌浆后即用中型压路机进行碾压，并随时注意用扫帚将石屑扫匀。如表面太干须稍洒水后碾压，如表面太湿须待干后再压。

6）最终碾压：待表面已干内部泥浆尚属半湿状态时，可进行最终碾压。一般碾压

1～2遍后撒铺一薄层3～5mm石屑并扫匀，然后进行碾压，使碎石缝隙内泥浆能翻到表面上与所撒石屑黏结成整体。接缝处及路段衔接处，均应妥善处理，保证平整密合。

1.6.3.2 拌浆法

(1) 工艺流程：摊铺碎石→铺土→拌和整型→碾压。

(2) 施工操作要点：

1) 摊铺碎石：按松铺厚度用平地机或人工摊铺碎石，并洒水，使碎石全部湿润。

2) 铺土：将规定用量的土均匀的摊铺在碎石表层上。

3) 拌和：采用机械或人工拌和。拌和一遍后边拌边洒水，翻拌3～4遍，以黏土成浆与碎石黏结在一起为度。

4) 整型：用平地机将路面整平，符合路拱要求。

5) 碾压：整形后用6～8t压路机洒水碾压，使泥浆上冒，至表层时缝中有一层泥浆即停止碾压；稍干后再用10～12t压路机进行收浆碾压1遍，随即撒嵌缝料，再碾压2～3遍，至表面无明显轮迹为止。

对于小面积局部损毁泥结石路面的坑洼修复，一般采用拌浆法施工工艺。首先用挖掘机或铣刨机对坑洼处路面开挖成槽，然后利用机械或人工拌和泥结碎石料、摊铺，压路机或冲击夯进行压实。

1.6.4 质量标准

泥结碎石路面结构良好，平均每10m长堤段纵向高差不大于10cm；无明显凸凹、起伏、坑槽，雨后无明显积水，堤顶整洁，无杂物、垃圾。

1.6.5 成品保护

(1) 回填碎石时，应注意保护好现场控制桩、标准高程桩，防止碰撞位移，并应经常复测。

(2) 地基范围内不应留有孔洞。

(3) 砂石垫层完成后，应连续进行上部结构施工。

1.6.6 施工中应注意的质量问题

(1) 应严格执行铺筑碎石的操作工艺要求，分层铺筑不得过厚，要有足够的碾压遍数，防止碎石地基大面积下沉。

(2) 凡压路机不能作业的地方，采用小型机具进行压实，直到获得设计要求的压实度为止。

(3) 坚持分层检查碎石垫层的质量，每层的压实系数必须达到设计要求，否则不能进行上一层碎石的施工。

(4) 严禁压路机在已完成的或正在碾压的路段上调头和急刹车。

1.6.7 施工中应注意的安全问题

(1) 施工前应对地下管线做好必要的勘察，做出明显的标志。

(2) 对现场水准点、电杆等重点设施要做好安全防护。

(3) 在施工路口处设置安全巡逻人员，引导车辆和行人绕行至安全地带。

(4) 机械设备在操作前需进行安全检查，严禁故障运行。

(5) 机械开动之前须检查确认后方和底下没有人，方可开动；在工作时，设专人负责指挥，以防砸伤人员和机械。

（6）机械夜间施工时，确保施工地点有足够的灯光照明，保证施工人员及施工机械安全。确保现场交通安全。

（7）施工人员按规定穿戴劳保用具及安全防护用品。

（8）施工现场运土车运土作业必须有专人指挥，以保证场地内施工人员的安全。

（9）四个机械操作人员必须持证上岗，按照机械操作规程进行操作。

（10）施工结束后必须清理现场剩余材料，不准乱堆乱倒。

（11）现场危险位置设置安全警示标志，施工现场进行局部围挡，符合文明施工要求。

（12）压路机作业后，应停放在平坦坚实的地方，并制动住。不得停放在路边、斜坡及妨碍交通的地方。

（13）多台机械同时配合作业时，应前后左右保持安全距离。

1.7　路沿石修复施工工艺

1.7.1　适用范围

本工艺适用于堤顶道路路沿石修复项目。

1.7.2　施工准备

（1）机械准备：小型挖掘机、自卸车。

（2）材料准备。

1）水泥：应根据施工设计要求，配置混凝土所需的水泥品种，各种水泥均应符合本技术条款指定的国家和行业的现行标准。一般使用的水泥强度等级不应低于PC32.5级。

2）砂（细骨料）：所用的砂应为中粗砂，细度模数应在2.4～3.0范围内；砂料应级配良好、质地坚硬、颗粒洁净，且不得包含团块、盐碱、壤土、有机物和其他有害杂质，以天然河砂为好。砂料中含有活性骨料时，必须进行专门试验论证；其他砂的质量技术要求应符合《水工混凝土施工规范》（DL/T 5144—2001）表4.1.13中的规定。

3）路沿石：满足设计要求强度及规格尺寸。

1.7.3　操作工艺

1.7.3.1　工艺流程

施工准备→损坏路沿石拆除及转运→测量放样→钉桩→基槽开挖→安装→后背填筑夯实→勾缝→养护→检查验收

1.7.3.2　施工操作要点

（1）损坏路沿石拆除及转运：将堤顶损坏路沿石拆除，可使用挖掘机结合人工进行拆除，拆除后的路沿石使用自卸车转运到指定堆放点。

（2）测量放样：按设计边线准确地放线钉桩，路沿石内侧与道路边线相齐，路沿石每10m布设高程控制点，路沿石外露高度需满足设计要求。

（3）钉桩：放样后，开槽前，钉桩挂线。按新钉桩放线，在直线段可用线绳放线，在曲线段应用石灰粉画线。在刨槽后安装前应再复核一次，确保符合设计要求。

（4）基槽开挖：根据前期钉桩开挖，开挖的基槽深度与宽度应结合路沿石的规格来确定。先用挖掘机开挖至基槽大体成型，再由人工细部修整。基槽底部应保持平整无任何杂物。

（5）安装：把路沿石沿基槽排列好，再铺2cm厚1∶3的水泥砂浆进行安装，砂浆应饱满、厚度均匀。两块路沿石之间的间距应为1cm，安装位置根据线形变化点确定，一般按路口分段安装，尽量减少切割。根据设计，施工前按每段的安装长度计算使用的块数。

（6）后背填筑夯实：路沿石后背应采用素土回填夯实，回填时如发现路沿石倾斜或移动，应及时修整。

（7）勾缝：路沿石安装好后应及时进行勾缝，使路沿石更好地连接，形成一个整体。勾缝时，先把缝隙中的土及杂物剔除干净，并用水润湿，然后用水泥砂浆勾缝，水泥砂浆灌缝必须饱满嵌实。勾缝完成后适当浇水养护。

1.7.4 质量标准

路沿石齐整、线顺，无松动、缺损。

1.7.5 成品保护

路沿石完成后分段进行围挡，防止行人踩踏、车辆碰撞及人为污染、破坏。在安装完成后3天之内，对路沿石进行检查，发现倾斜、断裂，及时进行扶正、换埋，并洒水养护。

1.7.6 施工中应注意的质量问题

（1）路沿石高低不一致的调整：低的用撬棍将其撬高，并在下面垫以混凝土或砂浆；高的可在顶面垫以木板或橡皮锤夯击使之下沉，直至满足容许误差要求。

（2）水泥砂浆勾缝必须饱满嵌实。勾缝后常温期养护不小于3d。

（3）路沿石必须挂通线进行施工，顶面标线绷紧，按线施工，切忌前仰后合，直线部分整齐直顺，曲线部分圆顺美观，无折角，无高低错牙现象。

（4）路沿石就近选用合格产品，要求其色泽均匀，表面无裂纹，棱角完整，外观一致，无明显斑点、色差，不允许有风化现象，装卸时不准摔、砸、撞、碰，以免造成损伤。

（5）路沿石必须坐浆砌筑，坐浆必须密实，严禁塞缝砌筑。

1.7.7 施工中应注意的安全问题

（1）现场施工人员必须佩戴合格的安全帽，穿反光服。

（2）工程开始施工前，项目部应及时向施工班组进行安全技术交底，下达安全技术交底单，并有双方签字确认，确保施工安全。

（3）施工堤段应封闭交通，并设置明显警示标志；封闭交通有困难的，应在施工堤段两侧设置明显的警示标志，提醒过往车辆及行人减速慢行，注意安全。

1.8 堤肩整修施工工艺

1.8.1 适用范围

本工艺适用于维修养护工程中堤防堤肩整修项目。

1.8.2　施工准备

（1）机械准备：挖掘机、蛙式打夯机（数量根据具体工程量和工期要求确定）、铁锹若干、铁耙若干。

（2）材料准备：填补土料质量必须符合要求，宜就近选取。如回填量较大就近取土不能满足要求时，应尽量选取土料与回填处相同的料场作为取土场。

（3）作业条件：堤防现场符合施工条件，保持现场运输、机械调转作业方便。

1.8.3　操作工艺

1.8.3.1　工艺流程

施工准备→放线→清基→机械整修→精度整修→检查验收

1.8.3.2　施工操作要点

（1）放线。

1）确定堤顶整修宽度，确定堤肩整修宽度。

2）用撒灰线、插标杆或打桩挂线的方法确定两侧堤肩线位置。

（2）清基。将堤肩整修范围内的杂草、杂物清除干净，挖出新土，并进行刨毛处理，刨毛深度3～5cm。

（3）机械整修。切削超宽处，填补残缺处，对切削处及需填土处应进行分层填土、整平、夯实或压实，分层厚度一般不超过20cm。

（4）精度整修。确定堤肩线，人工挂线进行精度整修、拍打，确保通过整修使堤顶宽度一致，堤肩线清晰、顺直、边口整齐、堤肩坡面平整。

1.8.4　质量标准

（1）堤肩应达到无明显凸凹，肩线平顺规整，长度5m范围内凸凹不大于10cm；土质堤肩应保持草皮覆盖，覆盖率不低于98%，单块裸露面积不大于0.04m^2。

（2）回填土料质量必须符合要求。

（3）填筑作业应水平分层由低处开始逐层填筑，不允许顺坡填筑；对缺土较严重的地方应先将坡面铲成台阶状，再进行分层填筑、夯实。

1.8.5　成品保护

应经常对堤肩进行养护，保持堤肩平顺规整、堤肩线清晰。设立警示防护设施，防止车辆碾压造成堤肩破坏。

1.8.6　施工中应注意的质量问题

（1）避免堤肩线不顺直、不清晰，堤肩范围坡面不平整等问题。

（2）避免因虚铺厚度超过规定或冬季施工时有较大的冻块或夯实不够遍数，甚至漏夯或基面清理不干净，造成回填土下沉，并要严格检查，发现问题及时纠正。

（3）避免因土料含水率过高或过低等问题造成夯填不实等问题。

1.8.7　施工中应注意的安全问题

（1）人机配合土方作业，必须设专人指挥。

（2）机械作业时，配合作业人员严禁处于机械行走范围内。配合人员在机械行走范围内作业时，机械必须停止作业。

（3）对现场内地上、地下各种管道、电缆及建（构）筑物等应采取安全保护措施。

（4）机械挖方、堆土、夯实等应采取安全技术措施。

（5）施工人员佩戴安全帽，施工区设置必要的安全警示标志和安全防护设施。

（6）尽量避免夜间施工，如需夜间施工，应制定夜间施工安全技术措施。

1.9　排水沟维修施工工艺

1.9.1　适用范围

本工艺适用于堤防排水沟维修施工项目。

1.9.2　施工准备

（1）机械准备：搅拌机、小推车、自卸车、小型振捣棒、模板等。

（2）材料准备。

1）水泥：应根据施工设计要求，配置混凝土所需的水泥品种、水泥强度、物理性能和化学成分应符合国家标准及有关规范的规定。一般使用的水泥强度等级不应低于PC32.5级。

2）砂（细骨料）：现浇混凝土所用的砂为中粗砂，细度模数应在2.4～3.0范围内；砂料应级配良好、质地坚硬、颗粒洁净，且不得包含团块、盐碱、壤土、有机物和其他有害杂质，以天然河砂为好。砂料中含有活性骨料时，必须进行专门试验论证；其他砂的质量技术要求应符合《水工混凝土施工规范》（DL/T 5144—2001）表4.1.13中的规定。

3）碎石（粗骨料）：混凝土的碎石应遵守DL/T 5144第5.2节规定，碎石最大粒径、颗粒级配、针片状颗粒含量、含泥量及泥块含量应符合要求。碎石中含有活性骨料、黄锈等的粗骨料，必须进行专门试验论证后，才能使用；其他粗骨料的质量要求应符合DL/T 5144—2001中的规定。

（3）作业条件：拟浇筑堤段，坡面状况较好或坡面损毁后已经回填夯实的，可以进行排水沟浇筑作业。

1.9.3　操作工艺

1.9.3.1　工艺流程

施工准备→破损部位拆除清理→测量放线→土方开挖→底板浇筑→支立模板→混凝土浇筑→拆模→混凝土养护→检查验收

1.9.3.2　施工操作要点

（1）测量放线。按维修养护方案对排水沟定位并钉控制桩。根据控制桩测定沟槽的中心线，在沟槽的起点、终点和转角处均须设控制桩。

（2）土方开挖。浇筑排水沟应根据设计要求确定尺寸，现场土方开挖适合采用人工开挖，使用人力小推车对开挖的土方进行转运。

（3）混凝土浇筑。

1）清理：在地基或基土上清除淤泥和杂物。

2）底板浇筑：人工浇筑底板混凝土，浇筑质量、尺寸、平整度及混凝土强度等应符合设计及规范要求。

3）模板：底板浇筑后，达到《水工混凝土施工规范》（SL 677—2014）要求强度后可以进行侧边模板支模，模板采用木模板按设计图纸要求制成框格，模板采用楞木加以固定。

模板制作和安装要具备支立牢固、板缝紧密、表面平整、线条顺直、标高一致、易支易拆等特点。现浇混凝土模板框格安装净距沿排水沟纵向的允许偏差值为±10mm，沿排水沟宽度方向的允许偏差值为±20mm。

4）混凝土拌制：原则上应机械拌制。由于实际施工中，每条排水沟间距较远、较零散，一般采用人工运输及搅拌。混凝土严格按照配合比进行拌制，严格控制水灰比，拌和好的混凝土须及时运往浇筑现场。

5）侧壁浇筑：浇筑前应将模板先进行湿润，然后在模板底部先铺设一层50mm厚与设计混凝土配合比相同标号的水泥砂浆进行封堵，防止沟壁底部产生烂根现象。使用插入式振捣棒要快插慢拔，按顺序进行，不得遗漏。移动间距不大于振捣棒作用半径的1.5倍。振捣时间以混凝土表面出现浮浆及不出现气泡、下沉为宜。混凝土振捣密实后，按事先做好的控制标高桩找平，表面应用木抹子搓平。

6）拆模：当混凝土强度达到2.5MPa以上，在保证其表面及棱角不因拆模而损坏时，方可拆模，并对模板及时清洁、整修以备再用。

1.9.4 质量标准

排水沟通畅，无损坏、孔洞、蛰陷、断裂、阻塞现象，排水沟内无淤泥、杂物，接头无漏水。

1.9.5 成品保护

拆模后及时用塑料薄膜覆盖养护，或用草苫子、稻草等覆盖洒水养护。

1.9.6 施工中应注意的质量问题

（1）安排好混凝土的浇筑时间，浇筑混凝土应做到连续进行。

（2）现场施工人员应严格控制混凝土水灰比和坍落度，必须保证混凝土强度不低于设计标准。

（3）排水沟侧壁浇筑时，应对称进行，以防模板偏移。

（4）喇叭口处维修时底面低于堤顶5cm，以利于排水顺畅。

（5）浇筑混凝土时设专人观察模板情况，当发生变形移位时立即停止浇筑，并在已浇筑的混凝土初凝前修整完好。

1.9.7 施工中应注意的安全问题

（1）现场施工人员必须佩戴合格的安全帽，穿反光服。

（2）工程开始施工前，项目部应及时向施工班组进行安全技术交底，下达安全技术交底单，并有双方签字确认，确保施工安全。

（3）施工现场应设置明显的警示标志，提醒现场人员注意安全。

1.10 草皮养护及补植施工工艺

1.10.1 适用范围

本工艺适用于堤防、水闸、泵站及控导工程等草皮的养护及补植。

1.10.2　施工准备

（1）机械准备。

1）草皮养护：运输车、割草机等。

2）草皮补植：挖掘机、洒水车、手摇播种机等。

（2）材料准备。

1）草皮养护：打草绳及燃油等。

2）草皮补植：草籽（高羊茅、狗牙根等）。

（3）作业条件。

1）草皮养护：草皮养护主要是人工配合机械修剪。一般在每年的4—5月、9—10月组织人员开始修剪，保持外形完整美观。

2）草皮补植：高羊茅9—10月更适宜（除1—2月、11—12月外，其他月份也可种植），狗牙根4—5月较适宜。

1.10.3　操作工艺

1.10.3.1　工艺流程

（1）草皮养护：施工准备→高秆草清除→草皮修剪→检查验收。

（2）草皮补植：施工准备→土地平整耕翻→放线（确定草籽播撒量）→播撒草籽→覆盖、人工踩实→洒水养护。

1.10.3.2　施工操作要点

（1）草皮养护。

1）高秆草防治。

a. 草皮的杂草不仅影响美观，而且还有与种植草争光、争水、争肥及传播病虫害等危害，若未及时消除，会影响草皮生长。

b. 清除杂草的方法很多，除了人工拔除与化学除草外，因地制宜地采取各种有效措施控制杂草，以促进草皮的生长。一般在种植当年5—10月人工持续清除草皮内的高秆杂草，在其果实种子成熟前进行灭生，2～3年可成坪。若高秆阔叶杂草密集时可采用化学除草剂喷洒灭生。

2）草皮修剪。

a. 修剪频率。草皮应经常修整、清除杂草，保持完整美观。一般草皮为每年修剪2～3次，4—5月和9—10月修剪。

b. 修剪方法。

（a）草皮的修剪应按照一定的模式来操作，以保证不漏剪并能使草皮美观。修剪之前，先观察草皮的形状，规划草皮修剪的起点和路线。一般先修剪草皮的边缘，这样可以避免打草机在往复修剪过程中接触硬质边缘（如水泥路等），中心大面积草皮则采用一定方向上来回修剪的方式操作。由于修剪方向的不同，草皮草茎叶倾斜方向也不同，导致茎叶对光线的反射方向发生很大变化，在视觉上就产生了明暗相间的条纹，这可以增加草皮的美观。在斜坡上剪草，手持式打草机修剪过程要横向行走。同一草坪，每次修剪应变换行进方向，避免在同一地点、同一方向多次重复修剪，否则草皮将趋于同一方向定向生长，久而久之，使草皮长势变弱，并且容易使草皮上土壤板结。另外，来回往复修剪过程中注意要有稍许重叠，避免漏剪。剪草机不容易操作的地方最后用镰刀人工修剪。

（b）对于没有种植草皮的堤段生长的野草、杂草及高秆草采用人工配合割草机及药物防治相结合的方式进行养护。在草皮生长旺盛的季节对阔叶草（高秆杂草）、蔓延草等多子叶植物使用二甲四氯进行药物除草，对单子叶野草使用打草机按照草皮修剪的标准进行修剪成坪。在秋季高秆杂草种子成熟前组织人工进行修剪并清除修剪的高秆杂草秆，统一运输到集中位置灭生处理以防止草种在第二年重新生长高秆杂草。

3）检查验收。对遗漏或效果不佳的草皮进行重新修剪，确保达到平顺美观。

（2）草皮补植。

1）清除杂物。为避免草皮成坪后杂草与草坪草争夺水分、养料，在种植前使用人工或机械设备将杂草彻底清除，也可用“草甘膦”等灭生性的内吸传导型除草剂［0.2～0.4mL/m^2（成分量）］，使用两周后可开始种草。

2）场地的耕翻、平整。清除杂草杂物后，人工对场地作一次局部起高填低的细部平整，松动粉碎表层土使之成为适合草籽播种的碎土基。按照深（土层深）、厚（耕作层厚度在10cm）、净（清除杂物）、细（细犁多钯使土粒细度高）、实（通过镇压达到上虚下实）、平（地面平整受水均匀）的原则仔细平整土地。同时需注重土壤消毒，可用50%多菌灵800倍液进行喷施一遍土壤。

3）放线。根据每平方要求的播撒量计算每袋草籽的播撒面积，测量完成用白灰撒线确定播撒范围。一般用量高羊茅2kg/100m^2、狗牙根1kg/100m^2左右。

4）播撒草籽。

a. 可在春夏天选择无风或微风天气进行，但春季播种太早会因温度太低，导致发芽较慢，影响草坪成坪速度；秋季播种太晚会因温度太低，导致草坪生长慢，幼苗不能安全越冬。最好在晚春和早夏，此时温度高、湿度大，是暖季型草坪生长的合适季节，用种量为10～15g/m^2，拌泥沙喷播。最好按照东西方向喷播一边后，再按照南北方向喷播一次，使种子最大限度地分布均匀。

b. 播种前一天浇水要透，次日在表土半湿半干的情况下播种。

c. 播种量以发芽率及土壤条件来决定。发芽率高、土壤条件好则可减少草种播种量，反之增大草种播种量。

5）覆盖、人工踩实。播种后，用覆土耙进行覆土2次以上，之后用人工脚踏压实，确保草种与土壤接触紧密、坪床具有一定的紧实度。选用草苫子进行覆盖，保湿、防止种子流失、减少径流对地表的冲刷而导致地表板结。

6）洒水养护。

a. 播后24h内进行第一次喷灌，喷湿土壤5～10cm，保证坪床湿润，直至种子发芽。

b. 待幼苗出土整齐后，注意幼苗的养护工作，防止造成幼苗脱水伤害。

1.10.4 质量标准

（1）草皮养护：草皮修整平顺，无高秆杂草，外形完整美观。

（2）草皮补植：草皮生长态势良好，达到基本齐整，无高秆杂草，无杂物垃圾，草皮覆盖率、单块裸露面积符合规定要求。

1.10.5 成品保护

（1）草皮养护时，因地制宜采取各种有效措施控制杂草，一般是采用人工不间断清除高秆杂草，若高秆杂草密集宜采用药物除草。

（2）草皮补植时，采取措施清除草皮生长期间出现的杂草，具体可以参照表1.10-1。

表1.10-1　　除草方法一览表

草坪类型	使用药剂		防治对象		用法及用量
高羊茅、早熟禾、黑麦草单播及混播草坪	成坪草坪除草	掘阔	菊科、豆科杂草	刺儿菜、蒲公英、泥胡菜、野豌豆、苍耳、车前	小草1盖1喷雾器，大草2盖
	成坪草坪除草	恶阔	一年生阔叶类杂草	荠菜、繁缕、鸭跖草等一年生阔叶草	2盖一喷雾器
	成坪草坪除草	禾尔斯	禾本科杂草	马唐、稗草、狗尾草	1瓶兑1喷雾器
	成坪草坪除草	冷静	禾本科杂草	一年生马唐、牛筋、看麦娘等禾本科杂草	单播早熟禾不能用，混播早熟禾超过40%不能用，1盖半1喷雾器
狗牙根、结缕草	成坪草坪除草	掘阔	菊科、豆科杂草	刺儿草、蒲公英、泥胡菜、野豌豆、苍耳、车前	小草1盖1喷雾器，大草2盖
	成坪草坪除草	恶阔	一年生阔叶类杂草	荠菜、繁缕、鸭跖草等一年生阔叶草	在狗牙根草坪1盖1喷雾器，结缕草2盖1喷雾器
	成坪草坪除草	禾尔斯	禾本科杂草	马唐、稗草、狗尾草	1瓶兑1喷雾器
	成坪草坪除草	慕尼思		一年生禾本科杂草及阔叶杂草，对香附子特效	1～2包兑一喷雾器
	成坪草坪除草	暖平静		禾阔莎全锄	一套兑水3喷雾器

1.10.6 施工中应注意的质量问题

（1）草皮养护。

1）合理控制修剪高度。

2）修剪过程中应避免漏剪。

（2）草皮补植。

1）播种时草种撒播应均匀。

2）种植尽量选择在下雨前进行，草种发芽后，要及时洒水养护。

3）冬季低温播种时，覆盖塑料薄膜保温促苗，防止幼苗冻伤。

1.10.7 施工中应注意的安全问题

（1）割草时一定要穿防滑靴，在堤岸或斜坡上工作时一定要顺着斜坡的方向割草。

（2）工作区域有非操作人员时，不得工作，以免造成伤害。

（3）清理或检查机器时必须停机；给发动机加油时，严禁吸烟。

（4）严禁酒后上岗。

1.11　标志标牌维护施工工艺

1.11.1　适用范围

本工艺适用于堤防、水闸范围内警示桩、百米桩、公里桩维护、宣传牌制作安装。

1.11.2　施工准备

（1）机械准备。

1）标志标牌维护：小型自卸车、吊车。

2）宣传牌制作安装：电焊机、切割机、小型自卸车、吊车。

（2）材料准备。

1）标志标牌维护：油漆（红白两色）、稀释剂。

2）宣传牌制作安装：混凝土、镀锌钢管、铝合金板、铝铆钉、专用卡扣、地锚等。

（3）作业条件：避免阴雨天气施工。

1.11.3　操作工艺

1.11.3.1　标志标牌维护

（1）警示桩、百米桩、公里桩补充流程：[施工准备]→[材料采购]→[开挖埋设]→[安装回填]→[检查验收]。

1）材料要求：标志标牌为石材厂订制并加工描红。

2）标志标牌定位放线时必须与道路线型保持一致。

3）人工开挖基础，对基坑进行清理并整平，埋设标志标牌回填土方并夯实。

（2）警示桩、百米桩、公里桩维护流程：[施工准备]→[开挖扶正]→[安装回填]→[涂刷]→[检查验收]。

1）对倾斜的警示桩、里程碑、百米桩予以扶正，受污染的及时将油污、尘土等杂物清理干净。

2）调和油漆，控制油漆的黏度、稠度、兑制时充分的搅拌，使油漆色泽、黏度均匀一致。

3）刷第一层油漆时涂刷方向应该一致，接搓整齐。待第一遍干燥后，再刷第二遍，第二遍涂刷方向与第一遍涂刷方向垂直，保证漆膜厚度均匀一致。

1.11.3.2　宣传牌制作安装

[施工准备]→[宣传牌制作]→[开挖基础]→[埋设地锚]→[混凝土浇筑]→[宣传牌安装]→[检查验收]

（1）材料要求：采用质量检验合格的水泥、砂、碎石，水采用自来水或不含有害物质的洁净水。

（2）混凝土浇筑：采用人工开挖土方，弃土就近堆放。基座（100cm×100cm×100cm）采用 C20 混凝土浇筑，采用人工搅拌，严格控制配合比，振捣密实，在基座浇筑过程中做好与钢管支架的螺栓预埋工作，并做好螺栓的保护措施。混凝土振捣密实后，表面抹光。在 12h 左右加以覆盖和洒水，洒水的次数应能保持混凝土有足够的润湿状态。初期养护一般不少于 7d。

（3）钢管支架：支架部分主要由镀锌钢管构成，与立杆和面板采用螺栓连接。

（4）铝合金面板：示例牌面尺寸为300cm宽，200cm高，具体铝合金板制作尺寸、内容按照设计确定。

（5）钢管支架和面板由汽车运至现场、吊车配合人工进行安装。

1.11.4 质量标准

各类标志标牌齐全、完好，埋设稳固，布局合理、尺寸规范，标识清晰、醒目美观，无涂层脱落、无损坏和缺失。

1.11.5 成品保护

如遇雨雪及大风天气，及时对涂装过的工件进行覆盖保护，防止飞扬尘土和其他杂物。

1.11.6 施工中应注意的质量问题

（1）作业时，操作人员必须穿着反光背心、佩戴个人防护用品，严格遵守操作规程。

（2）涂装后及时检查处理，保证涂层颜色一致，色泽鲜明，光亮，不起皱皮，不起疙瘩。

1.11.7 施工中应注意的安全问题

（1）施工作业人员必须佩戴安全帽等劳动保护用品。

（2）施工场地内必须设置各种醒目的警戒标志。

（3）加强现场安全管理，加强对职工的安全教育。

（4）弃土弃料在指定位置堆放，并堆放整齐，必要时进行植被保护和采取措施以防水土流失造成环境和农田污染。

（5）工程完工后，所有占用场地的杂物、施工遗留的材料及时清除。

1.12 备防石维护施工工艺

1.12.1 适用范围

本工艺适用于堤防工程备防石整修维护。

1.12.2 施工准备

（1）机械准备：小型自卸车、挖机或装载机。

（2）材料准备：块石、黄沙、水泥。块石选择质地坚硬、无风化的块石，块石直径为30～50cm。

（3）作业条件：利用现有交通道路及堤顶路进行材料运输，如有必要，需修建临时道路。施工现场必须整平、压实，方便块石堆放、转运及砂浆拌和。

1.12.3 操作工艺

1.12.3.1 工艺流程

施工准备→材料采购运输→码放→勾缝→顶面处理→检查验收

1.12.3.2 施工操作要点

（1）采购运输。备防石一般码放在堤防险工段，运输时需要通过堤防道路，所以运输石料避免用大车，一般采用不超过8t自卸车运输，以免压坏堤顶道路。

（2）码放。按照原设计标准维护，码放高度一般控制在1.2m左右，以防止坍塌。新码放的备防石应先在地面开挖基槽，开槽30cm深，对基槽土方进行夯实，防止码放石料后基槽土沉降，引起备防石裂缝或坍塌。砌筑时先用石灰粉放线，定出基槽开挖轮廓，开挖完成并夯实后，用钢尺、线绳定位，并在四角处打上钢钎。备防石砌筑采用顶面干砌、四周浆砌的方式进行，并在四周预留PVC排水管用于砌体排水。

（3）勾缝。砂浆就地拌和，随拌随用。砂浆强度要求不低于M10，砂浆必须在拌和3～4h内使用完毕。如气温在30℃以上，则必须在2～3h内用完。勾缝厚度1cm，宽度2～3cm，必须勾缝饱满，外观美观大方。

（4）顶面处理。顶面人工整平，达到方垛顶平、密实、齐整。

1.12.4 质量标准

（1）备防石需保持顶面平整，无杂草、杂物。

（2）对沉陷、坍塌处，要及时补充石料，并恢复到原有设计标准，码垛要边齐、顶平、密实、整齐美观。

（3）在备防石码放地点对应的堤肩处位置设置标志牌，标明品种、数量、储备单位、管理责任人及联系方式。

1.12.5 成品保护

勾缝后应养护到足够养护期，防止勾缝脱落、备防石坍塌。一般养护期为14d以上，可以采用浇水、草帘及土工布覆盖等方式养护。

1.12.6 施工中应注意的质量问题

块石必须购置质地坚硬、无风化块石，片石、风化石、粒径较小块石等不符合防汛抢险施工要求的，不得购置。

1.12.7 施工中应注意的安全问题

（1）工人必须佩戴安全帽、手套等防护用具，以防落石、滚石砸伤。

（2）对块石料场竖立醒目警示牌，做好现场围挡。

1.13 害堤动物防治施工工艺

1.13.1 适用范围

本工艺适用于堤防害堤动物防治，立足于防，以防为主，防治结合。

1.13.2 施工准备

（1）机械准备：铁锹、夹具、捕网、麻绳、施药器具。

（2）材料准备：毒死蜱联苯菊酯、毒死蜱、除虫菊酯、“9020”乳剂、灭蚁粉等。

1.13.3 操作工艺

1.13.3.1 工艺流程

施工准备→巡查排查→防治→编制报告

1.13.3.2 施工操作要点

（1）巡查排查。安排养护人员巡查堤防，对害堤动物可能藏身的石护坡、杂草丛等进行重点排查，发现可疑洞穴等及时辨别、处理。

（2）防治。对发现的异常情况认真分析，如洞穴之类，不是害堤动物的填土、夯实，发现害堤动物一般采取以下防治方法：

1）獾、狐、鼠等个体性害堤动物防治。对该类害堤动物主要采取踩夹夹捕法、开挖抓捕法、烟熏网捕法等方法进行捕捉，同时对比较大、比较深的洞穴进行回填或灌浆。

a. 通过日常监控和沿堤群众提供线索，明确獾、狐、鼠活动堤段及洞穴所在位置。

b. 人工设置踩夹、诱饵进行夹捕，对相对较浅的洞穴进行开挖捕捉，较深较长的洞穴进行烟熏，烟熏之前在全部洞穴出口布网。

c. 对洞穴进行处理，较浅的开挖重新填筑，较深较长危及堤防的进行灌浆处理，确保不危害堤防安全。

2）白蚁类群体性害堤动物防。白蚁防治主要方案为“预防为主，灭杀为辅”，对现有白蚁危害先进行集中防治，主要为破巢除蚁、药物诱杀和灌浆等方法进行防治，主要药剂为毒死蜱联苯菊酯、毒死蜱、除虫菊酯等。对于白蚁巢隐藏较为隐蔽或者较深造成无法破巢或者灌浆的情况，可适当采取如下方法进行防治。

a. 发生白蚁危害，检查蚁害部位和危害情况，采用在活蚁、蚁路、白蚁活动区域等处喷灭蚁粉的方法，利用粉剂的多次传递作用，将整个蚁群杀灭。在灭蚁过程中，一面灭杀，一面建立灭蚁档案。

b. 间隔 10～15d 后，检查白蚁死亡情况，如白蚁已死亡（如部分为死亡，重复 a. 步骤），再对防治区域喷洒“9020”乳剂（主要成分毒死蜱），进行消毒和毒土处理，经过这两个步骤后，基本可达到防治效果。

（3）编制报告。对可疑的洞穴、堤段做好标记和记录，对防治过程及成果及时编制害堤动物防治报告。

1.13.4 质量标准

无害堤动物洞穴等隐患表征，或存有少量隐患表征，且已采取有效措施进行防治。

1.13.5 施工中应注意的质量问题

（1）害堤动物防治重在预防，从根本上清除隐患，在日常应加强巡查工作，将害堤动物防治与一些其他维修养护项目结合起来。

（2）害堤动物防治应以保证堤防安全、不污染环境为前提做到防治并重、因地制宜、综合治理。

（3）防治范围应包括堤防工程的管理范围及保护范围。

（4）存在害堤动物活动迹象的堤段，应有固定的专门防治人员，开展害堤动物的防治工作。

1.13.6 施工中应注意的安全问题

（1）害堤动物防治应以保证堤防安全、不污染环境为前提做到防治并重、因地制宜、综合治理。

（2）采用烟熏法时，施工现场必须配备足够的消防器材，配置一定要适量、适用、合理。

1.14　浆砌石防浪墙维护施工工艺

1.14.1　适用范围

本工艺适用于河道、湖泊、水库、塘坝等的防冲、防浪墙的维修养护。

1.14.2　施工准备

（1）机械准备：挖掘机、装载机、砂浆搅拌机等。

（2）材料准备：块石、毛石、水泥、砂等。材料质量应满足相关规范及要求。

（3）作业条件：

1）交通条件：临时施工道路应满足施工要求。

2）电源条件：施工用电可就近联网使用，不便处采用发电机组供电。

1.14.3　操作工艺

1.14.3.1　工艺流程

施工准备→测量放线→浆砌石砌筑→勾缝→养护→检查验收

1.14.3.2　施工操作要点

（1）测量放线：测量原貌，按设计要求进行放线。

（2）浆砌石砌筑：

1）砂浆配合比必须通过试验确定，满足施工图纸规定的强度和施工和易性要求。

2）拌制砂浆，应严格按照试验确定的配料单进行配料。配料的称量允许误差应符合下列规定：水泥为±2%，砂为±3%。拌和时间：机械拌和不少于2min。

3）砂浆应随拌随用，拌制的砂浆应3h内使用完毕；当施工期间最高气温超过30℃时，应在2h内使用完毕。在运输或储存中发生离析或泌水时，砌筑前应重新拌和。已初凝的砂浆不得使用。

4）当冬期日平均气温低于3～5℃时，不宜进行砌筑，当气温不低于0℃而进行砌筑时，水泥砂浆强度等级适当提高，并保持熟料的砌筑温度不低于5℃，为防冻害，应采取保温措施。

5）砌毛石应根据基础的中心线放出里外边线，挂线分皮卧砌，每皮高约30～40cm。砌筑方法采用铺浆法。用较大的平毛石，先砌转角处、交接处，再向中间砌筑。砌前应先试摆，使石料大小搭配，大面平放朝下，外露表面要平齐，斜口朝内，逐块卧砌坐浆，使砂浆饱满。石块间较大的空隙应先堵塞砂浆，后用碎石嵌实。严禁先填塞小石块后灌浆的做法。灰缝宽度一般制在20～30mm左右，铺浆厚度40～50mm。

6）砌筑时，石块上下皮应互相错缝，内外交错搭砌，避免出现重缝、干缝、空缝和孔洞，同时应注意摆放石块，以免砌体承重后发生错位、劈裂、外鼓等现象。

7）如砌筑时毛石的形状和大小不一，难以每皮砌平，也可采取不分皮砌法，每隔一定高度大体砌平。

8）为增强墙身的横向力，毛石每0.7m^{2}至少应设置拉结石，并应均匀分布，相互错开，在同皮内的中距不应大于2m。搭接长度不应小于15cm。

9）在转角及交接处应用较大和较规整的垛石相互搭砌，并同时砌筑，必要时设置钢筋结条。如不能同时砌筑，应留阶梯形斜槎，其高度不应超过 1.2m。不得留锯齿形直槎。

10）毛石每日砌筑高度不应超过 1.2m。正常气温下，停歇 4h 后可继续垒砌。每砌3～4层应大致找平一次。中途停工时，石块缝隙内应填满砂浆，但该层上表面须待继续砌筑时再铺砂浆。砌至设计高度时，应使用平整的大石块压顶并用水泥砂浆全面找平。

(3) 勾缝：石墙勾缝应保持砌合的自然缝。一般采用平缝或凸缝。勾缝前应先剔缝，将灰浆刮深 20～30mm，墙面用水湿润，再用 1∶1.5～3.0 的水泥砂浆勾缝。缝条应均匀一致，深浅相同，“十”字形、“丁”字形搭接处应平整通顺。

1.14.4 质量标准

(1) 防浪墙应保持墙体完整、无残缺、无断裂，表面无侵蚀剥落或破碎，无杂草、杂物。

(2) 变形缝密实，浆砌勾缝无破损，混凝土面层无破碎、脱落。

(3) 墙体周围地面平实，无水沟、坑洼。

1.14.5 成品保护

(1) 避免在已完成的砌体上修造块石和堆放石料。砌筑挡土墙时，严禁居高临下抛石，冲击已砌好的墙体。

(2) 砌体外露面。在砌筑后应及时养护，经常保持外露面湿润，养护时间一般不小于 14d，在砌体未达到要求强度前，不得在其上放重物或修造块石，以免砌体受到震动破坏。

1.14.6 施工中应注意的质量问题

(1) 使用石料必须保持清洁，受污染或水锈较重的石块应冲洗干净，以保证砌体的黏结强度。

(2) 砌筑砂浆材料应严格计量，保证配合比准确；砂浆应搅拌均匀，和易性符合要求。

(3) 应拉通线使砌筑石达到平直通光一致，砌料石应双面拉准线（全顺砌筑除外），并经常检查校核轴线与边线，以保证平直、轴线正确，不发生位移。

(4) 砌石应注意选石，并使大小石块搭配使用，石料尺寸不应过小，以保证石块间的互相压搭和拉结，避免出现鼓肚和里外两层皮现象。

(5) 砌筑时应严格防止出现不坐浆砌筑或先填心后填塞砂浆，造成石料直接接触，或采取铺石灌浆法施工，这将使砌体黏结强度和承载力大大降低。

1.14.7 施工中应注意的安全问题

(1) 施工前，项目部应进行安全技术交底，进行安全教育，制定安全预案，消除事故隐患，保证施工安全。

(2) 现场施工人员必须正确佩戴合格的安全帽。配备合格的安全防护用具。

(3) 施工现场应设置明显的安全警示标志，确保施工人员安全。

(4) 施工设备、机械等使用前应严格检查、调试，使其处于良好状态。机械操作人员持证上岗。

(5) 注意施工用电安全，严格按照用电操作规程操作，尤其是砂浆搅拌等重要场所。

(6) 封闭施工时，应设置围栏，严禁无关人员进入施工现场。

(7) 施工人员在上班期间不准喝酒，严禁酒后作业。

1.15　堤防充填灌浆施工工艺

1.15.1　适用范围

本工艺适用于处理土质堤防维修养护工程中采煤塌陷、内部裂缝、空洞、洞穴等堤身内部隐患性质及范围已经确定，并且编制了灌浆工程维修设计方案的项目。

1.15.2　施工准备

(1) 机械准备：灌浆设备、钻孔设备、运输设备、抽水泵等。

(2) 材料准备：灌浆土料选用粉质黏土。粉质黏土的指标要求见表 1.15-1。

表 1.15-1　粉质黏土的指标要求

项　目	指　标	项　目	指　标
塑性指数	10～25	砂粒含量/%	0～30
黏粒含量/%	20～45	有机质含量/%	≤2
粉粒含量/%	30～70	水溶盐含量/%	≤3

(3) 作业条件：

1) 灌浆施工宜在旱季和低水位期进行。

2) 如遇特殊情况（暴雨等恶劣天气），应做好防范工作，准备编织袋及塑料布对已钻孔位及时进行封堵。

1.15.3　操作工艺

1.15.3.1　施工工艺流程

施工准备 → 布孔、钻孔 → 制浆 → 灌浆 → 灌浆控制 → 封孔 → 检查验收

1.15.3.2　施工操作要点

(1) 布孔、钻孔。

1) 放线应按照设计要求进行放线布孔，位置偏差应小于 10cm。

例：堤顶中心线至堤防背水侧堤顶布设梅花型灌浆孔 3 排，孔距 3m，排距 1.5m，见图 1.15-1。

2) 造孔必须按序进行，一般要求为 2～3 序。

例：2 序造孔图见图 1.15-2。

3) 堤身造孔时采用干钻法，并注意钻杆要垂直于地面，确保造孔偏斜率小于 2%，并做好造孔记录。

(2) 制浆。

1) 应采用专门机械制浆，如灌浆量少时，也可以采用人工制浆，但土料应先在泥浆池内浸泡数小时，搅拌成浆，通过过滤筛清除大颗粒和杂物，灌浆前再通过 36 孔/cm^2 的过滤筛。

2) 浆液各项指标应按设计要求控制，参照表 1.15-2，灌浆过程中浆液容重和输浆量

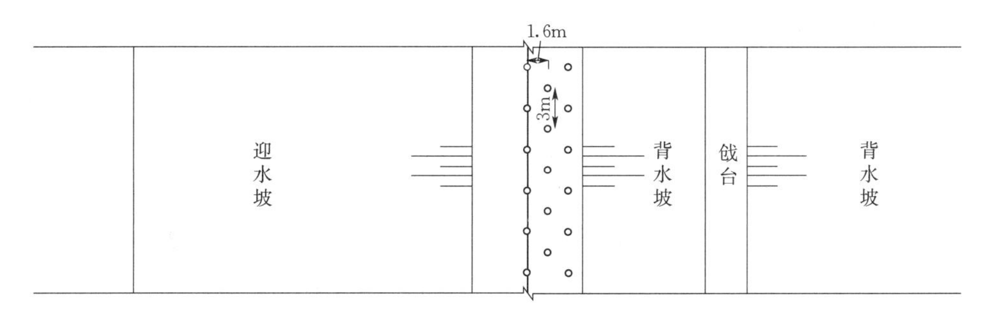

图 1.15-1 灌浆孔布设示意图

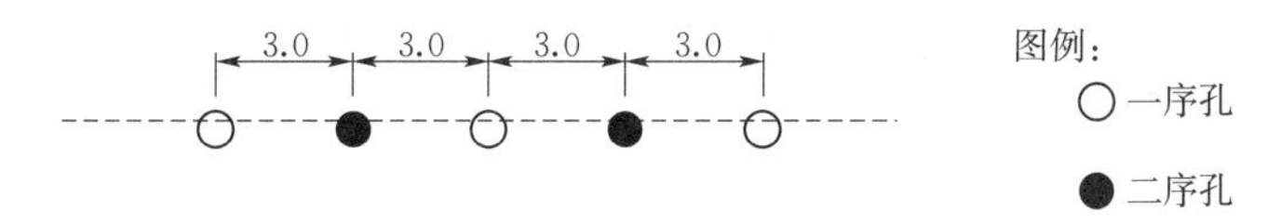

图 1.15-2 2 序造孔示意图（单位：m）

应每小时测定 1 次，浆液的稳定性每 10d 检测一次，如浆料发生变化，应随时加测。

表 1.15-2　　灌浆浆液物理力学性能要求

项　目	指　标	项　目	指　标
密度/(g/cm³)	1.3～1.6	胶体率/%	≥70
黏度/s	20～100	失水量/(cm³/min)	10～30
稳定性/(g/cm³)	0～0.15		

（3）灌浆。

1）灌浆施工前应做灌浆试验。选有代表性的坝段，按灌浆设计进行布孔、造孔、制浆、灌浆。试验孔不少于 3 个。试验结束后应分析资料，总结经验，修改参数，完善和熟练灌浆工艺，然后方可全面施工。

2）充填式灌浆如为多排孔，应先灌边排孔、再灌中排孔。如为 2 排孔，先灌上游孔，再灌下游孔。

3）灌浆开始先用稀浆，经过 3～5min 后再加大浆液稠度。若孔口压力下降和注浆管出现负压（压力表读数为 0 以下），应再加大浆液稠度，浆液的容重应按技术要求控制。

4）在灌浆中，应先对第一序孔轮灌，待第一序孔灌浆结束后，再进行第二序孔，依次类推。

5）深孔充填灌浆时，宜采用自下而上分段灌注的方法，段长可为 5～10m。应先对最底段进行灌浆，当灌浆达到设计要求，提升套管和注浆管 5～10m，然后进行上段的灌浆，直至该孔灌浆结束。

6）对于钻孔深度小于 10m 的灌浆施工，灌浆可不下套管，也可不分段。

7）做好灌浆记录。

（4）灌浆控制。

1）灌浆过程中注意控制泥浆比重及孔口压力（泥浆比重为 1.3～1.6g/cm³，孔口压力不超过 50kPa）。

2）两次灌浆时间间隔控制在5d以上。

（5）灌浆结束及封孔。

1）满足下列条件之一时，可结束灌浆：

a. 当浆液升至孔口，经连续复灌3次不再吃浆即可终止灌浆。

b. 灌浆孔的灌浆量或孔口压力已达到设计要求。

2）充填式灌浆封孔，当每孔灌完后，待孔周围泥浆不再流动时，将孔内浆液取出，扫孔到底，用直径2～3cm、含水量适中的黏土球分层回填捣实。

1.15.4 质量标准

（1）钻孔孔序、孔位、孔径及孔深必须符合设计要求。

（2）严格控制泥浆比重，确保泥浆比重为1.3～1.6g/cm^3。

（3）时刻监控灌浆压力，孔口压力不大于50kPa。

（4）确保灌浆段区域堤身及堤顶恢复原貌。

1.15.5 施工中应注意的质量问题

1.15.5.1 灌浆中断的处理方法

（1）因机械、管路、仪表等出现故障而造成灌浆中断时，尽快排除故障，立即恢复灌浆。

（2）恢复灌浆时，如注入量较中断前减少较多，使用开灌比级的浆液进行灌注。按依次换比的规定重新灌注。

（3）恢复灌浆后，若停止吸浆，可用高于灌浆压力0.14MPa的高压水进行冲洗然后恢复灌浆。

1.15.5.2 串浆处理方法

相邻两孔段均具备灌浆条件时，同时灌浆。

1.15.5.3 冒浆处理方法

地面裂缝处冒浆，暂停灌浆，用清水冲洗干净冒浆处，再用棉纱堵塞。

1.15.5.4 漏浆处理方法

出现堤坡浆液渗漏情况时，应停止灌浆，查明原因，待浆液凝固后，采用稠浆进行灌浆，如一次不行，再进行二次间歇灌注。

1.15.6 施工中应注意的安全问题

（1）施工前，组织施工人员学习安全操作规程，进行安全生产教育，未接受教育者不准上岗。

（2）认真交接班，开好班前班后会，上班前和上班时间严禁喝酒。

（3）大型机具符合国家标准，且具有产品合格证，使用说明书。

（4）各种机械由机手负责维修、保养，并经常对机械运行的关键部位进行检查，预防机械故障及机械伤人。

（5）机械使用时机手要密切注意机上的仪器、仪表、指针是否超出安全范围，机体是否有异常振动及发出异响，出现问题及时停机处理，不得擅离职守、隐瞒不报。

（6）现场施工人员必须佩戴合格的安全帽，穿反光服。

（7）施工堤段应封闭交通，并设置明显警示标志；封闭交通有困难的，应在施工堤段两侧设置明显的警示标志，提醒过往车辆及行人，要减速慢行，注意安全。

1.16 隐患探测施工工艺

1.16.1 适用范围

本工艺适用于查明堤防内部是否存在裂缝、空洞以及土质不密实等渗漏隐患，确保堤防工程安全稳定地同时将隐患消除在萌芽之中。

1.16.2 施工准备

1.16.2.1 前期准备（机械准备）

根据探查要求，结合探查堤段地形、交通条件，探查采用汽车 DPP－1003B 型钻机 1 台套进行普查；详探采用 PQWT－G50 型电法隐患探查仪一台（套），该设备便于携带，具有操作灵活、探测精度高特点。

1.16.2.2 材料设备准备

（1）管材类材料：应选用 ϕ110 钻杆、双锥面活阀式取土器，并应达到产品的使用质量要求。

（2）水泥钉选用规格 3×35（mm），质量必须符合质量要求。

（3）机械、用具的准备：手推车、大平锹、小平锹，除土方施工一般常用的工具外，还应备有记号笔、电工包、水桶、水管、锤子、卷尺、钢尺等，钢尺长度要求 50～100m 为宜。

1.16.2.3 作业条件

（1）作业现场的生产条件和安全设施等应符合有关标准规范的要求，工作人员的劳动防护用品应合格齐备。

（2）现场使用的安全工器具应合格并符合有关要求。

（3）各类作业人员应被告知其作业现场和工作岗位存在的危险因素、防范措施及事故应急处理措施。

1.16.3 操作工艺

根据探查要求，探查拟采用现场探查、钻探取样、室内试验、电法详探等多种手段相结合，以满足探查要求，探查工艺流程见图 1.16－1。

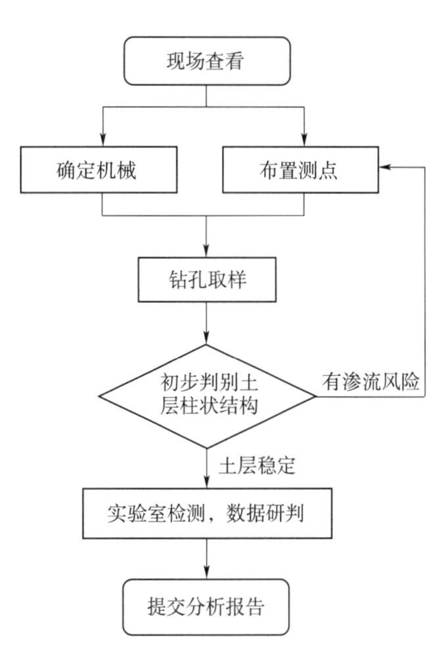

图 1.16－1 探查工艺流程

1.16.4 质量标准

（1）钻探：采用履带式或汽车 DPP－1003B 型钻机 1 台（套），回转法钻进，套管护壁，回次进尺严格按照设计要求进行。若场地存在素填土层，穿过填土层后设置套管护壁，清水钻进，回次进尺不超过 2.00m。

（2）取样：土样以分层采取为主，ϕ110 提土钻杆钻进，以静压法用上提双锥面活阀式取土器采取原状土样，及时密封贴签并24h内送检。

（3）室内试验：土的常规试验及颗粒分析试验、渗透试验，严格按照操作规程实施。

（4）电法：测点布置保持测点桩号应与堤防桩号相对应。测点桩号的递增方向应与堤防桩号的递增方向一致。每100m校对一次测点位置，当误差大于2m或测点距时，应调整测点位并做记录，以保证与堤防桩号一致。当堤顶宽度不大于4m时，宜沿堤顶中线或迎水面堤肩布置一条测线；当堤顶宽度大于4m时，宜沿迎水面和背水面堤肩各布置一条测线。可根据追踪隐患分布的需要，在堤顶中线、堤坡、堤脚处，或垂直堤身轴线布置测线。

1.16.5　施工中应注意的质量问题

（1）实施探测。探测时应填写探测班报，探测过程中，发现异常点应进行重复观测。分班探测时，次班应以上班终点标记为准，向前重复一段距离。

（2）探测资料整理。探测资料应在当日做初步整理，内容包括：将仪器内的资料备份至其他存储介质、将测点号转换为堤防桩号、检查不同测段之间是否有遗漏段、资料是否齐全等，可疑资料在次日到现场查看或重测。

1.16.6　施工中应注意的安全问题

（1）严格执行国家和当地的安全法规，坚持“安全第一、预防为主、综合治理”的方针政策，接受业主和设计方的指导监督。

（2）制定安全生产责任制和安全施工规定，加强勘察过程中的安全管理，强化人员安全生产意识，严格执行施工安全技术操作规程，做到安全施工，严防安全事故发生。

（3）派专人统一管理和协调工地的治安保卫，施工安全和环境保护等有关文明施工的事项。

（4）钻探操作人员必须遵守岗位职责，熟悉和掌握钻探操作规程和有关安全生产规章制度。

（5）钻探人员进入工作现场应穿戴好个人防护用品（如安全帽、手套等），不得赤脚或穿拖鞋进入施工现场。

（6）酒后严禁进入施工现场。

（7）对斜坡部位未进行平场处理的钻孔，如场地坡度较大、易滑移部位，不能强行施工，需在平场或修建钻机平台后，在确保安全的情况下方能施工。

（8）随时检查钻机钢丝绳，若有打毛、断裂，应马上更换新的，切不可用有安全隐患的钢丝绳进行作业。

第2章　控　导　工　程

2.1　钢筋笼及铅丝笼抛石护岸施工工艺

2.1.1　适用范围

本工艺适用于临水水流冲刷易塌方的砂质岸坡，岸基较为脆弱、浆砌块石施工难度大等情况的应急修复。

2.1.2　施工准备

（1）机械准备：挖掘机、挖泥船。

（2）材料准备：土工布、块石、Ⅰ级热轧光圆钢筋、镀锌铅丝。

（3）作业条件：宜选择在枯水期的3—5月及9—11月，避开河道行洪影响期。

2.1.3　操作工艺

2.1.3.1　工艺流程

施工准备→测量放样→水下土方开挖→岸坡整修→土工布铺设→散抛石固基→钢筋笼抛石→铅丝笼抛石→裹头处理→检查验收

2.1.3.2　施工操作要点

（1）测量放样：抛石在与施工位置对应的堤防上设立标志，确定施工位置。在抛区附近的岸边，放出施工基线。由基线上测设出各断面桩20m（顺堤防方向）×15m（垂直于抛区长度方向）。计算出各边线的坐标点，确定抛石断面线上的起抛控制点和方向控制点。安装测设桩，设置土工布铺设，控制不同部位抛石的边线。测量放线示意图见图2.1-1。

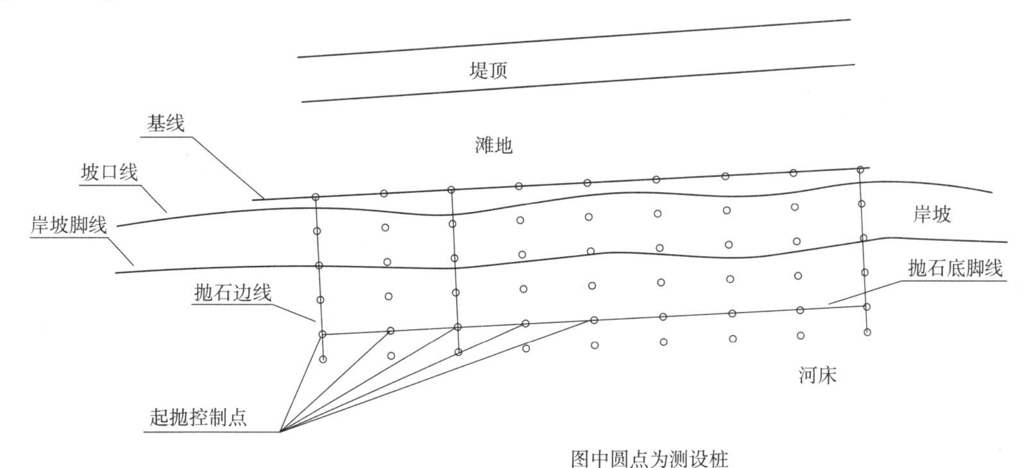

图2.1-1　测量放线示意图

（2）水下土方开挖：采用挖泥船挖掘抛石区水下土方，输送到土方指定区域。水下土方开挖深度可用带有刻度的竹竿或钢管测量，边施工边测量，控制开挖深度。

（3）岸坡整修：

1）岸坡修整坡比按设计坡比控制。

2）土方开挖采用挖掘机分层分段依次开挖，开挖过程中严禁挖掘机扰动基底土，不得超挖，预留保护层，保护层人工开挖。开挖出来的废渣由专人负责清除出场，抛弃至指定地点。

（4）土工布铺设：

1）土工布规格：设计规格。

2）土工布底部满压在散抛石底基上，中部顺贴于岸坡上，顶部至铅丝笼顶。顶部反压至岸坡土体中，锚固长度50cm。土工布顺水流方向搭接长度不宜小于50cm，采用顺水流方向上游土工布压下游土工布的搭接方式。

3）土工布铺设分水下土工布铺设、岸坡土工布铺设，水下土工布、岸坡土工布采用缝接的连接方式。缝接宽度不小于25cm，且双道缝合。

4）铺设要平整，铺放平顺，松紧适度，并排除空气，与坡面紧密相贴，布与布之间搭接严密。铺设过程中如有损坏，马上修补，用来补洞或补裂缝的补丁材料和土工布一致。补丁延伸到受损土工布范围外至少30cm。

5）铺设时将土工布顺卷打开，每隔5m用细铁丝将钢管横向固定在土工布上，保证土工布水下不会横向收缩，并在钢管两头绑上同质量的块石。施工船将土工布运到指定位置，2人同时同水位将钢管沉入水中，使土工布平衡下沉。铺设完成后，测量人员利用小船，将船驶入土工布边缘位置，在船上用一定长度钢管对土工布边缘位置进行触探，以确定土工布铺设是否到位。

（5）散抛石固基：

1）抛石用断面抛石法，按照计算好的材料用量，将材料抛到相应断面中去。采用进占法由挖掘机把石料逐步抛投到相应位置。抛投采用“总量控制、局部调整”的原则施工。

2）散抛石外坡坡度按设计坡比。

3）抛石大小级配良好，保证石块均匀平整，迎水面用较大的石料，石体中央处石块大小级配良好，防止冲移串通。

4）抛石后，根据实测断面与设计断面相比较，分析抛投形成断面情况，当局部达不到设计厚度要求时，进行补抛，并再次断面复测。符合设计要求后，进行沉降观测，待自然沉降稳固后再对顶部散抛石找平处理。

（6）钢筋笼抛石：

钢筋笼焊接工序：调直去锈→钢筋切割→弯曲成型→焊接。

1）调直去锈：钢筋加工前清除钢筋表面油漆、油污、锈蚀、泥土等污物，有损伤和锈蚀严重的剔除不用。钢筋平直、无局部弯折，对弯曲的钢筋应调直后使用。

2）钢筋切割：钢筋的切割用钢筋切断机进行，在钢筋切断前，先在钢筋上用粉笔按长度将切断位置做标记。切断时，切断标记对准刀刃将钢筋放入切割槽将其切断。

3）弯曲成型：钢筋的弯制由人工在工作平台上进行，人工弯筋用弯制板座和扳手，钢筋的弯制符合规范要求。

4）焊接：钢筋笼尺寸符合设计尺寸要求，钢筋间距不宜大于25cm。

钢筋笼用电焊机焊接，搭接焊时，焊接长度：双面焊为不小于钢筋$5d$，单面焊为不小钢筋$10d$。电弧焊的焊缝表面平顺、焊缝平顺整齐，无明显气孔、夹渣、咬边、无裂缝、无深度烧伤现象。

5）石料填充：施工时石料分层填筑，每层靠近石笼边部人工选择块径较大石块码砌，再回填内部石块，填筑密实。裸露的填充石料，表面人工砌垒整平，石料间相互搭接。

6）钢筋笼抛石摆放方向：底层钢筋笼长度方向垂直岸坡方向摆放，上层钢筋笼长度方向平行于岸坡方向摆放。

（7）铅丝笼抛石：

1）铅丝笼尺寸：设计尺寸。

2）铅丝笼网孔为六边形，几何尺寸为20cm×15cm。

3）铅丝笼摆放方向：下两层铅丝笼长度方向垂直于岸坡摆放，顶层铅丝笼长度方向平行于岸坡方向摆放。

4）铅丝笼在装填前先固定铅丝笼形状，各边绑扎牢固，人工装石，人工封口。

5）块石分层填筑，用机械设备安装填料时，用挖掘机将石料放置在石笼周围，人工按照石料大小，逐块装入，最大限度地减少空隙；块石料外露面选用较大且比较规整的块石，保证表面平整。

6）抛石断面图见图2.1-2（参考，具体数据比照设计图纸）。

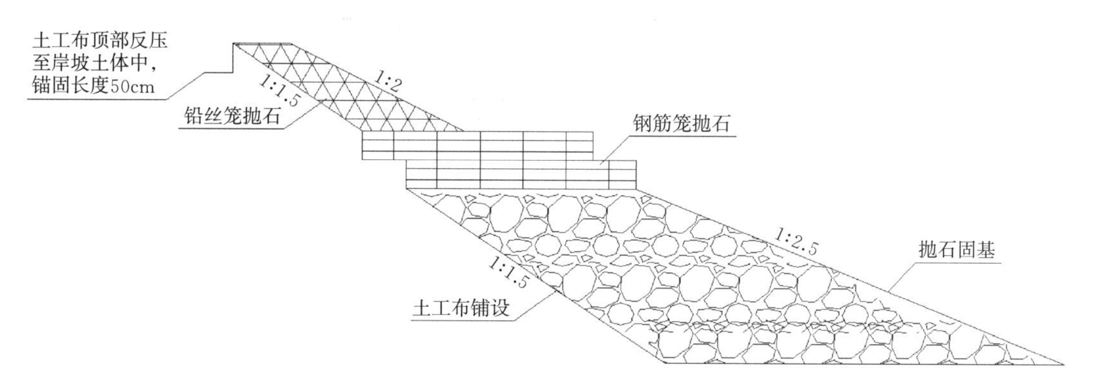

图2.1-2　抛石断面图

2.1.4　质量标准

（1）水下土方开挖：坑底高程符合设计高程。

（2）土方开挖：严禁超挖，保护层使用小型机具或人工挖除，基底土层无扰动，边坡坡度允许范围1∶（1±10%）n，n为设计坡度。

(3) 铅丝笼抛石、钢筋笼抛石检测项目及标准见表2.1-1。

表2.1-1 铅丝笼抛石、钢筋笼抛石检测项目及标准

序号	检验项目	质量标准	序号	检验项目	质量标准
1	护坡厚度	允许偏差±5cm	3	坡面平整度	允许偏差±8cm
2	绑扎点间距	允许偏差±5cm	4	有间隔网的网片间距	允许偏差±10cm

钢筋笼抛石、铅丝笼抛石砌筑紧密、平整、稳定，高程误差±50mm。

2.1.5 成品保护

顶面施工完成后，应建立沉降观测点，以5～10m为测点定期测量顶面高程并比对分析。

2.1.6 施工中应注意的质量问题

(1) 水下开挖时注意水下土方开挖深度是否达到要求随挖随测。

(2) 岸坡土方开挖要预留保护层，保护层开挖要满足设计要求。

(3) 钢筋笼焊接质量要达到设计要求。

2.1.7 施工中应注意的安全问题

(1) 劳动保护：按照《中华人民共和国劳动保护法》的规定，定期发给在现场施工的工作人员必需的劳动保护用品，如安全帽、手套、防护面具等。

(2) 安全交底：在工程开工前对施工人员进行安全交底，其内容应包括（但不限于）：防护衣、安全帽、防护鞋袜及防护用品的使用；各种施工机械的使用；柴油的存储、运输和使用；用电安全；机修作业安全；意外事故和火灾的救护程序；信号和告警知识；其他有关规定。

(3) 安全教育和安全会议：工程开工前组织有关人员学习《安全防护手册》，不定期进行安全生产知识培训。定期举行安全工作会议。施工班组在班前后对该班的安全作业情况进行检查和总结，并及时处理安全作业中存在的问题。

(4) 落实安全责任制：建立完善的安全制度，施工前签订安全责任状，层层落实安全生产责任制，明确分工，明确职责，做到各负其责。

2.2 浆砌石护坡维修施工工艺

2.2.1 适用范围

本工艺适用于经常受波浪冲刷、水位变化和水流作用侵蚀大的堤防迎水面，需采取工程措施加以保护堤防，确保工程安全，防止水土流失。

2.2.2 施工准备

(1) 技术准备：认真收集、查阅基础工程的技术档案资料。测量放线，建立坐标控制点和水准控制点。组织施工技术人员熟悉和学习图纸，了解设计上要求施工达到的技术标准、明确工艺流程。进行图纸自审、会审等工作，做好施工图纸的会审记录。施工前，根据图纸要求做好技术质量交底和安全施工交底工作。根据施工图纸的要求，并组织有关施

工人员进行方案交底。

（2）机械准备：挖掘机、推土机、自卸车、砂浆搅拌机、胶轮车等。

（3）材料准备：

1）水泥：应根据施工设计要求，配置混凝土所需的水泥品种。各种水泥均应符合国家和行业的现行标准。一般使用的水泥强度等级不应低于PC32.5级。

2）石料：砌石体的石料均现场验收，砌石材质应坚实新鲜，无风化剥落层或裂纹。石材表面无污垢、水锈等杂质。用于表面的石材，应色泽均匀。石料密度及抗压强度应符合设计要求。石料外形规格规范，毛石应呈块状，最小重量不应小于25kg。规格小于要求的毛石，可以用于塞缝，但其用量不得超过该处砌体重量的10%。石料应棱角分明，各面平整，其长度应大于30cm，最小边厚度应大于20cm。石料外露面应修凿加工，砌面高差应小于5mm。

3）砂：现浇混凝土所用的砂为中粗砂，细度模数应为2.4～3.0；砂料应级配良好、质地坚硬、颗粒洁净，且不得包含团块、盐碱、壤土、有机物和其他有害杂质，以天然河砂为好。砂料中含有活性骨料时，必须进行专门试验论证；其他砂的质量技术要求应符合《水工混凝土施工规范》（DL/T 5144—2001）表4.1.13中的规定。

4）土工布：应选择达到设计要求，符合保土性、透水性、防堵性的土工布。

（4）作业条件：清障工作完成，完成“三通一平”工作。

2.2.3 操作工艺

2.2.3.1 工艺流程

施工准备→测量放线→土方开挖及坡面修整→铺设土工布→碎石垫层铺设→浆砌石砌筑→勾缝→养护→检查验收

2.2.3.2 施工操作要点

（1）测量放线：由专业测量人员按照设计要求进行测量放线。

（2）土方开挖及坡面修整：根据设计计算出削坡的深度，削坡时，先利用挖掘机进行粗削，预留一定的保护层，然后用人工开挖至设计基面。对于需回填处，应用粗砂回填，灌水密实。削坡的质量控制，直接关系到垫层的厚度是否符合设计要求，因此必须严格控制。每隔10m放好坡线，两坡线间，应放“×”形交叉坡线。检查时，检查人员将坡线一端固定，另一段端移动，用钢尺对坡面各个部位进行检查，重点检查基础内侧边缘、封顶边缘、距坡线较远处，同时校核坡比。

（3）铺设土工布：铺设面上应清除一切树根、杂草和尖石，保证铺设面平整，不允许出现凸出及凹陷的部位。土工布长边宜顺河铺设，铺设前进行复检，铺设自下而上进行，与砂土面密贴，不留空隙；土工布按工程要求裁剪、拼幅，无损伤，无脏物污染，相邻土工布拼接采用缝接或搭接。铺设力求平顺，松紧适度，无张拉受力、折叠、打皱等情况发生。铺设时工人全部穿软底鞋，避免损伤土工布。

（4）碎石垫层铺设：土工布铺设完毕后，经现场监理检验合格，开始铺设碎石垫层。垫层施工是随砌石由下而上逐层铺设，高度与砌石进度相适应。上一层砌石铺设完成后再铺设以上部分垫层，不能在坡面上一次铺设完毕后再安装砌石，铺设要求平整、密实、厚度均匀。

（5）浆砌石砌筑：

1）采用水泥砂浆作为胶结材料，保证一定的铺浆厚度，使石料安装后有一定的下沉余地，有利于灰缝坐实。逐块坐浆，逐块安砌，在操作时认真调整，务必使坐浆密实，以免形成空洞。

2）砌筑前，应在砌体外将石料上的泥垢冲洗干净，在铺砌灰浆前，石料应洒水湿润，使其表面充分吸收，但不得残留积水。应采用坐浆法分层砌筑。在已坐浆的砌筑面上，摆放洗净湿润（或饱和面干）的石料，并用铁锤敲击石面，使坐浆开始溢出为度。石料之间的砌缝宽度应严格控制，采用水泥砂浆砌筑，一般为 2～4cm。

3）随铺浆随砌石，砌缝需用砂浆填充饱满，不得无浆直按贴靠，砌缝内砂浆应采用扁铁插捣密实。严禁先堆砌石块再用砂浆灌缝。上下层砌石应错缝砌筑，砌体外露面应平整美观，外露面上的砌缝应预留约 4cm 深的空隙，以备勾缝处理。水平缝宽应不大于 2.5cm，竖缝宽应不大于 4cm。

4）砌筑因故停顿，砂浆已超过初凝时间，应待砂浆强度达到 2.5MPa 后方可继续施工。在继续砌筑前，应将原砌体表面的浮渣清除。砌筑时应避免振动下层砌体。砌筑完毕后应保持砌体表面湿润做好养护。

5）砌筑时不得采用外面侧立石块，中间填芯的砌筑方法。砂浆应饱满，石块间较大的空隙应先填塞砂浆，后用碎石或片石嵌实，不得采用先摆碎石后填砂浆或干填碎石块的施工方法，石块间不应相互接触。

（6）勾缝：

1）勾缝前应清缝，用水冲净并保持缝槽湿润。

2）砂浆应分次向缝内填塞密实。

3）勾缝砂浆强度等级应不低于砌体砂浆强度。

4）应按实有砌缝勾平缝，不应勾假缝。

5）勾缝完毕后应保持砌体表面湿润并做好养护。

（7）养护：砌体外露面，在砌筑后应及时养护，经常保持外露面的湿润，养护足够的时间。冬期水泥的水化反应较慢，初凝时间延长，砌体一般不宜洒水养护，而采取覆盖麻袋、草袋、草帘、塑料膜的保温防冻措施。

2.2.4 质量标准

砌石护坡应保持坡面平顺、灰缝无脱落，无松动、塌陷、架空等现象，无杂草、杂物，保持坡面清洁。

2.2.5 成品保护

浆砌石护坡完工后，及时将表面灰渣冲洗清理干净，防止人为踩踏，禁止堆放物品。全部护坡施工完成后，进行坡顶、坡脚和上下游两侧接头的回填处理，同时进行坡面的养护。一般养护期为 7d，要求在此期间护坡表面处于润湿状态。

2.2.6 施工中应注意的质量问题

（1）砌筑时注意控制坡面平整度及缝宽，保证坡面平整、缝线规则。

（2）砌筑过程中注意对已完工的成品进行保护。

2.2.7 施工中应注意的安全问题

（1）施工前，项目部应进行安全技术交底，进行安全教育，制定安全预案，消除事故隐患，保证施工安全。

（2）现场施工人员必须正确佩戴合格的安全帽。配备合格的安全防护用具。

（3）施工现场应设置明显的安全警示标志，确保施工人员安全。

（4）施工设备、机械等使用前应严格检查、调试，使其处于良好状态。机械操作人员持证上岗。

（5）注意施工用电安全，严格按照用电操作规程操作，尤其是砂浆搅拌等重要场所。

（6）封闭施工时，应设置围栏，严禁无关人员进入施工现场。

（7）施工人员在上班期间不准喝酒，更不准酒后作业。

（8）取石时，应先取高处，后取低处，防止石垛突然倒塌伤人。搬运块石时要量力而行，应注意安全，防止搬运石头砸脚，并注意滚石危险。严禁从坡顶向坡下或者从高处向低处滚石、抛石。

（9）基坑及边坡周围要设置明显的警示标志，严禁在基坑及边坡周围堆放物料。

（10）清理边坡上突出的块石和整修边坡时，应从上而下顺序进行，坡面上的松动土、石块必须及时清除。严禁在危石下方作业、休息和存放机具。边坡上方有人工作时，边坡下方不准站人。

2.3 干砌石护坡维修施工工艺

2.3.1 适用范围

本工艺适用于流速不大、不承受风浪淘刷的河道、渠道干砌石护坡维修养护工程。

2.3.2 施工准备

（1）机械准备：挖掘机、装载机、推土机、夯实机具等。

（2）材料准备：毛石、碎石等。

（3）作业条件：

1）交通条件：修建临时施工道路，满足施工要求。

2）电源条件：施工用电可就近联网使用，不便处采用自备发电机组供电。

2.3.3 操作工艺

2.3.3.1 工艺流程

施工准备→测量放线→土方开挖及坡面修整→铺设土工布→碎石垫层铺设→块石干砌→检查验收

2.3.3.2 施工操作要点

（1）测量放线：安排施工人员进行测量放样，严格控制坡面平整度。

（2）土方开挖及坡面修整：用机械开挖至设计建基面，预留一定保护层，采用人工开挖，一次清基至设计建基面高程。挖至设计标高后，人工清理四周并找平；开挖应连续进行，一次开挖完成。回填土方充分利用开挖土方，不足土方从附近滩地调土回填，采用挖掘机配合推土机推运。对紧靠建筑物四周1.0m以内土方、边角及宽度小于3.0m的狭窄部位采用人工分层铺填，蛙夯或人工夯实。

（3）铺设土工布：铺设面上应清除一切树根、杂草和尖石，保证铺设面平整，不允许出现凸出及凹陷的部位。土工布长边宜顺河铺设，铺设前进行复检，铺设自下而上进行，与砂土面密贴，不留空隙；土工布按工程要求裁剪、拼幅，无损伤，无脏物污染，相邻土工布拼接采用缝接或搭接。铺设力求平顺，松紧适度，无张拉受力、折叠、打皱等情况发生。铺设时工人全部穿软底鞋，避免损伤土工布。对搭接的土工布进行人工缝合。

(4) 碎石垫层铺设：铺设碎石垫层，垫层施工是随砌石由下而上逐层铺设，高度与砌石进度相适应。上一层砌块铺设完毕后再铺设以上部分垫层，不能在坡面上一次铺设完毕后再安装砌石，铺设要求平整、密实、厚度均匀。

(5) 块石干砌：坡面上的干砌石砌筑，以一层与一层错缝锁结方式铺砌。坡面应有均匀的颜色和外观。块石砌筑应满足平整、稳定、密实、错缝等基本要求。护坡表面砌缝的宽度不应大于25mm，砌石边缘应顺直、整齐牢固，严禁出现通缝、叠砌和浮塞。不得使用有尖角或薄边的石料砌筑。砌石应垫稳填实，与周边砌石靠紧，不允许架空。不得在外露面用块石砌筑，而中间以小石填心。不应在砌筑面以小块石、片石找平，堤顶应以大块石或混凝土预制块压顶。应由低向高逐步铺砌，要嵌紧、整平，铺砌厚度应达到设计要求。承受大风浪冲击的堤段，宜用粗料石丁、扣砌筑。

2.3.4　质量标准

砌石护坡应保持坡面平顺、砌块完好、砌缝紧密，无松动、塌陷架空等现象，无杂草、杂物，保持坡面清洁。

2.3.5　成品保护

(1) 避免在已完成的干砌石护坡上堆放石料。

(2) 不得在已完成的干砌石护坡上进行作业。

(3) 禁止在干砌石护坡坡面上运输材料。

2.3.6　施工中应注意的质量问题

(1) 坡面上的干砌石砌筑，应在夯实的垫层上，以一层与一层错缝锁结方式铺砌，砂砾垫层的粒径应满足要求，垫层应与干砌石铺砌层配合砌筑，应自下而上铺设，并随砌石面的增高分段上升。

(2) 砌体外露面的坡顶和侧边，应选用较整齐的石块砌筑平整。

(3) 为使石块的全长有坚实支撑，所有前后的明缝均应用小片石料填塞紧密。

2.3.7　施工中应注意的安全问题

(1) 施工前，项目部应进行安全技术交底，进行安全教育，制定安全预案，消除事故隐患，保证施工安全。

(2) 现场施工人员必须正确佩戴合格的安全帽。配备合格的安全防护用具。

(3) 施工现场应设置明显的安全警示标志，确保施工人员安全。

(4) 施工设备、机械等使用前应严格检查、调试，使其处于良好状态。机械操作人员持证上岗。

(5) 注意施工用电安全，严格按照用电操作规程操作。

(6) 封闭施工时，应设置围栏，严禁无关人员进入施工现场。

(7) 施工人员在上班期间不准喝酒，更不准酒后作业。

（8）取石时，应先取高处，后取低处，防止石垛突然倒塌伤人。搬运块石时要量力而行，应注意安全，防止搬运石头砸脚，并注意滚石危险。严禁从坡顶向坡下或者从高处向低处滚石、抛石。

（9）基坑及边坡周围要设置明显的警示标志，严禁在基坑及边坡周围堆放物料。

（10）清理边坡上突出的块石和整修边坡时，应从上而下顺序进行，坡面上的松动土、石块必须及时清除。严禁在危石下方作业、休息和存放机具。边坡上方有人工作时，边坡下方不准站人。

2.4 混凝土预制块护坡维修施工工艺

2.4.1 适用范围

本工艺适用于经常受波浪冲刷、水位变化和水流作用侵蚀大的堤防迎水面，需采取工程措施加以保护堤防，确保工程安全，防止水土流失。

2.4.2 施工准备

（1）技术准备：认真收集、查阅基础工程的技术档案资料。测量放线，建立坐标控制点和水准控制点。组织施工技术人员熟悉和学习图纸，了解设计上要求施工达到的技术标准、明确工艺流程。进行图纸自审、会审等工作，做好施工图纸的会审记录。施工前，根据图纸要求做好技术质量交底和安全施工交底工作。

（2）机械准备：挖掘机、推土机、装载机、小型吊车或叉车、砂浆搅拌机等。

（3）材料准备：

1）碎石：碎石粒径1～2cm。要求清洁、质地坚硬、级配良好、细度适当；含泥量小于0.5%～1.0%；针片状颗粒含量应小于15%。

2）混凝土预制块：混凝土预制块的外观及尺寸符合设计要求，允许偏差为±5mm，混凝土预制块强度符合设计要求，表面平整，无掉角、断裂。

3）砂：砂料现场验收，粒径为0.15～5mm，细度模数2.5～3.0。

（4）作业条件：清障工作完成，完成“三通一平”工作。

2.4.3 操作工艺

2.4.3.1 工艺流程

施工准备→测量放线→土方开挖及坡面修整→铺设土工布→铺设碎石垫层→铺设预制块→检查验收

2.4.3.2 施工操作要点

（1）测量放线：由专业测量人员按照设计要求进行测量放线。

（2）土方开挖及坡面修整：根据设计计算出削坡的深度，削坡时，先利用挖掘机进行粗削，预留10cm左右的保护层，然后用人工削至设计基面。对于需回填处，应用粗砂回填，灌水密实。削坡的质量控制，直接关系到垫层的厚度是否符合设计要求，因此必须严格控制。每隔10m放好坡线，两坡线间，应放“×”形交叉坡线。检查时，检查人员将坡线一端固定，另一段端移动，用钢尺对坡面各个部位进行检查，重点检查基础内侧边缘、封顶边缘、距坡线较远处，同时校核坡比。

（3）铺设土工布：铺设面上应清除一切树根、杂草和尖石，保证铺设碎石垫层面平整，不允许出现凸出及凹陷的部位。土工布长边宜顺河铺设，铺设前进行复检，铺设自下而上进行，与砂土面密贴，不留空隙；土工布按工程要求裁剪、拼幅，无损伤，无脏物污染，相邻土工布拼接采用缝接或搭接。铺设力求平顺，松紧适度，无张拉受力、折叠、打皱等情况发生。铺设时工人全部穿软底鞋，避免损伤土工布。对搭接的土工布进行人工缝合。

（4）铺设碎石垫层：土工布铺设完毕后，经现场监理检验合格，开始铺设碎石垫层，垫层施工时随砌块由下而上逐层铺设，高度与砌块高相适应，上一层砌块铺设完毕后再铺设以上部分垫层，不能在坡面上一次铺撒完毕后在安装预制块，铺设要求平整、密实、厚度均匀。

（5）铺设预制块：垫层铺筑经检验合格后，开始铺设护坡混凝土预制块。护坡预制块铺设时，自下而上进行，表面平整、砌缝紧密、整齐有序，无通缝。砌块底部垫平填实，无架空，块间紧密联结，缝隙宽符合设计要求，确保护坡的整体性及稳定性。对折弯处不能被护坡块覆盖的坡面，采用现浇混凝土封堵。第一层砌块起坡对整个坡面起很大的控制作用，砌块应排列紧凑，间缝太大，上层砌块将无法安装，所以在安放时特别注意砌块的顶面坡度，要等于设计坡度（事先放好的坡度线一致），防止出现“仰脸”或“低头”使坡度变陡或变缓现象，放线时在顺直段每 10m 左右挂一标准坡面线，每一层挂一水平线，第一层的水平线要尽量精确，待砌块的顶边靠线，方算合格，确保第一层砌块安装牢固、顺直，坡面平整。

2.4.4　质量标准

（1）混凝土预制块的外观及尺寸符合设计要求，允许偏差为±5mm，混凝土预制块强度符合设计要求，表面平整，无掉角、断裂。混凝土预制块铺筑应平整、稳固、缝线规则。

（2）工程基础、封顶、垫层等尺寸符合设计要求，坡面平整度允许偏差为±1cm。

（3）护坡应保持坡面平顺、缝隙顺直紧密，局部无剥蚀脱落、缺损，无裂缝、架空等现象，坡面无杂物、整洁完好。

2.4.5　成品保护

（1）混凝土预制块运输装卸过程中用吊车或叉车进行装卸，轻装轻放，堆放高度不宜超过 1m。

（2）不得在混凝土预制块表面上堆放带有污染或腐蚀性的物品。

（3）在砌筑过程中，不得在混凝土预制块的表面或棱角上用锤敲打。严禁在施工过程中把重物直接从空中丢到混凝土预制块面上。

（4）定期对已完成的混凝土结构物进行检查。若发现损伤或经污染的混凝土产品，及时进行更换。

2.4.6　施工中应注意的质量问题

（1）有长裂纹和缺棱掉角的混凝土预制块应剔除。

（2）混凝土预制块铺砌应平整、密实，不应有架空、超高现象。

（3）混凝土预制块安装砌筑时注意控制坡面平整度及缝宽，保证坡面平整、缝口紧密、缝线规则。

（4）已铺砌好的坡面上，不允许堆放预制块或其他重物。不得在混凝土预制块的表面或棱角上用锤敲打，防止预制块破损。

（5）预制块不允许在坡面上拖滑，宜人工搬运。

（6）在坡面折点处，做好混凝土预制块之间的对接。

2.4.7 施工中应注意的安全问题

（1）施工前，项目部应进行安全技术交底，进行安全教育，制定安全预案，消除事故隐患，保证施工安全。

（2）现场施工人员必须正确佩戴合格的安全帽。配备合格的安全防护用具。

（3）施工现场应设置明显的安全警示标志，确保施工人员安全。

（4）施工设备、机械等使用前应严格检查、调试，使其处于良好状态。机械操作人员持证上岗。

（5）注意施工用电安全，严格按照用电操作规程操作。

（6）封闭施工时，应设置围栏，严禁无关人员进入施工现场。

（7）施工人员在上班期间不准喝酒，更不准酒后作业。

（8）取预制块时，应先取高处，后取低处，防止石垛突然倒塌伤人。搬运预制块时要量力而行，应注意安全，防止搬运石头砸脚，并注意滚石危险。严禁从坡顶向坡下或者从高处向低处滚石、抛石。

（9）基坑及边坡周围要设置明显的警示标志，严禁在基坑及边坡周围堆放物料。

（10）清理边坡上突出的块石和整修边坡时，应从上而下顺序进行，坡面上的松动土、石块必须及时清除。严禁在危石下方作业、休息和存放机具。边坡上方有人工作时，边坡下方不准站人。

第3章　水　闸　工　程

3.1　闸门喷锌防腐处理施工工艺

3.1.1　适用范围

本工艺适用于水闸、泵站维修养护工作中钢闸门或钢结构防腐工程。通过本工艺，对水闸钢闸门进行防腐，达到有效减缓钢闸门表面腐蚀速度，延长使用寿命，保证工程安全运行的目的。

3.1.2　施工准备

（1）机械准备：螺杆空气压缩机、砂罐及配套设备、空气储罐、油水分离器、高压无气喷涂机、喷锌枪、电弧喷锌机、移动式发电机、翻斗车、小型货车等。

（2）材料准备：石英砂（砂料粒径0.5～1.5mm）、锌丝（直径2～3mm的1号电解锌丝）、环氧富锌底漆、环氧云铁防锈中间漆、氯化橡胶面漆等。

（3）作业条件：当空气相对湿度大于84%、金属表面温度低于露点以上3℃时不进行喷砂除锈施工。

3.1.3　操作工艺

3.1.3.1　工艺流程

施工准备 → 搭设脚手架 → 喷砂除锈 → 闸门喷锌 → 涂装封闭涂料 → 检查验收

3.1.3.2　施工操作要点

（1）搭设脚手架。

1）脚手架搭设之前，架设人员对所用各类材料进行检验，确认合格后方可使用，脚手架有严重腐蚀、弯曲、压扁和裂缝，连接有脆裂、变形和滑线等缺陷的禁止使用，脚手架作业面用脚手板满铺，绑扎牢固。

2）作业面面积满足作业要求，作业面四周设高度不低于1.2m的围栏；专门设置安全带挂扣杆。

3）在水位较高时，闸门底部采用水面浮筒架板施工，闸门侧面同时采用挂搭式脚手架，结构简单便于移动，方便操作，即节约成本又加快施工进度。

（2）喷砂除锈。

1）喷砂前，依据《涂装前钢材表面锈蚀等级和除锈等级》（GB 8923—2011）规定，对金属结构基体表面锈蚀等级进行评定。检查并清除表面附着物，对连接物做妥善处理。

2）压缩空气。

喷射处理所用的压缩空气必须经过冷却装置及油水分离器处理，保证压缩空气清洁、干燥、无油。空压机气压为0.8MPa，砂桶气压为0.55～0.7MPa，实施时要考虑到喷砂管因长度造成的压力损失，而适当提高压力。

3）磨料控制。

喷砂除锈用的砂，采用颗粒坚硬、有棱角、干燥（含水量小于2%）、无泥土及其他杂质的石英砂，砂料粒径以0.5～1.5mm为宜。

4）喷砂作业的安全与防护。

a. 操作人员佩戴有空气分配器的头盔面罩和防护服、手套。

b. 头盔上的面罩玻璃要经常更换，保证良好的能见度。

c. 划清工作区与安全区，禁止无防护的人员进入工作区域。

d. 作业前操作工应先检查软管、接头、空压机、喷砂机等，在确保没有破损和故障后方可使用。

e. 喷砂作业的辅助操作人员，可选用阻尘效率高，呼吸阻力少，重量轻的过滤式防尘口罩。

5）工艺控制。

a. 喷砂用的压缩空气必须经冷却装置及油水分离器处理，以保证干燥、无油；油水分离器定期清理。

b. 喷嘴到基体钢材表面距离以100～300mm为宜，喷砂前对非喷砂部位遮蔽保护。当喷嘴孔口直径增大25%时更换喷嘴。

c. 喷射方向与基体钢材表面夹角以60°～75°为宜，磨料相互碰撞机会少，喷射面积最大。夹角要避免成90°，以防止砂粒反射影响施工人员操作。

d. 喷砂除锈检查合格后，在4h内完成质量检查及第一道喷涂。如遇下雨或其他造成基体钢材表面潮湿的情况时，要待环境达到施工条件后，用干燥的压缩空气吹干表面水分后施工，如需重新喷砂，不可降低磨料要求，以免降低粗糙度。

e. 喷砂时喷嘴不能长时间停留在某处，喷砂作业应避免零星作业，但也不能一次喷射面积过大，要考虑喷漆或喷锌工序与喷砂工序间的时间间隔要求。

6）喷砂除锈过程中的要点。

a. 尽量保证压缩空气压为0.5～0.6MPa；喷射距离为150～300mm喷射角度（喷射方向与基体钢材表面夹角）为60°～75°。

b. 先喷下部，后喷上部；先喷边缘，后喷中心。先喷边角，后喷大面。先喷梁格，后喷平面。

c. 掌握好喷砂的标准，喷嘴移动速度应视压缩空气压力，出砂量及结构表面污染情况灵活掌握，做到恰到好处。

d. 喷后表面要吹净，喷砂除锈检查合格后，在4h内完成质量检查及第一道喷涂。

e. 喷砂时喷嘴不能长时间停留在某处，喷砂作业应避免零星作业，但也不能一次喷射面积过大，要考虑喷漆或喷锌工序与喷砂工序间的时间间隔要求。对喷枪无法喷射的部位要采取手工或动力工具除锈。

7）质量控制。喷砂完成后首先对喷砂除锈部位进行全面检查，其次要对基体钢材表面进行清洁度和粗糙度检查。重点应检查不易喷射的部位，手工或动力工具除锈部位可适当降低要求。对基体钢材表面进行清洁度和粗糙度检查时，一是严禁用手触摸；二是在良好的光照条件下进行，以免漏检。喷砂除锈后，金属结构表面清洁度应达到Sa2.5（彻底的喷射：表面无可见的油脂、污垢、氧化皮、铁锈和油漆等附着物，任何残留的痕迹应是点状或条纹状的轻微色斑)，喷砂除锈后金属表面应呈均匀的粗糙度，露出金属原面。

(3) 闸门喷锌。

1) 为提高喷涂工效，一般采用直径为 2～3mm 的 1 号电解锌丝，锌丝粗细均匀，表面光洁，无油污、无腐蚀、无毛刺、无折痕。

2) 喷锌工艺。

a. 电弧喷锌：电弧喷涂时的电弧电压和电弧电流决定了电弧功率。电弧电流取决于喷涂速率，即电弧功率越大，喷涂速率越高。喷锌选择的电压为 22～24V，电弧电流为 400A，每小时喷涂 15.9～40.9kg 锌丝。

b. 火焰喷锌：在热喷锌中氧气、乙炔气和压缩空气是金属锌熔融、雾化、喷射质量优劣的决定因素，因此，对三气有一定的要求考虑喷枪角度、喷距、氧气压、乙炔压、空气压五种因素，可确定三气压力控制为：氧气 0.4～0.42MPa，乙炔 0.08～0.1MPa，空气 0.45～0.5MPa。

3) 喷锌操作。

a. 喷锌距离：喷涂距离的确定，应考虑到对锌层的质量与附着力的影响，过大、过小都将影响喷涂的质量。一般采用 150～200mm 比较适宜。每小时喷涂 15.9～40.9kg 锌丝。

b. 喷枪移动速度：喷枪的移动速度决定了一次喷涂的锌层厚度。为获得均匀的锌层，该厚度应控制在一定范围之内，一般为 7～8m/min。应特别注意的是，不要因喷枪移动速度太慢而造成闸门表面局部过热破坏锌层。为达到设计厚度锌层，应进行多次喷涂。

c. 喷涂厚度：按设计要求至少要分两次进行。防止一次完成喷涂的锌层过厚，在冷却过程中产生较大的收缩应力而卷起脱皮。第一次喷涂宜完成设计厚度的 70%～80%，喷枪均匀移动，这一层基本可以保证具有一定的防腐能力。而第二层是在第一层锌涂层上喷涂，要颜色一致，若难以掌握，可以重喷。两层喷涂的时间间隔不得超过半小时，即在第一层有余热的情况下进行。且两层需进行 90°或 45°交叉喷涂。

4) 质量控制。

a. 外观质量：外观检查主要用肉眼观察涂层表面，有无杂物气泡、孔洞、凹凸不平、粗颗粒及裂缝等现象。遇有孔洞较多及裂纹时，应用铲刀刮。脱去的部分予以重喷。对凹凸不平的部位，其太薄处应补喷加厚。对于粗颗粒应区分两种情况，若颗粒较大显片状分布应除去重喷；若涂层的颗粒稍粗，对附着力的影响不大时，可以保留。以上检测随着喷涂进行。喷枪手应当随时自检。

b. 涂层结合力：涂层结合力是表面处理质量和喷涂质量的重要指标，是表面处理质量和喷涂工艺的反映。若结合力过小，则会由于涂层的内应力、热变形、机械损伤等原因使涂层脱落。我们采用的是硬质刀具法检测，即用硬质刀具刃口将涂层切割成方形格子，切割时刀具的刃口与涂层表面要保持垂直，同时要保证涂层基准面必须切割完全。再在格子涂层表面粘上胶带，用 500kg 的负荷压紧，随后手持胶带一端，按与涂层表面垂直的方向迅速将胶带拉开，只有涂层任何部位与基体金属表面未剥离的视为合格。

(4) 涂装封闭涂料。

1) 封闭涂料采用高压无气喷涂施工，具体施工方法：喷锌检查合格 → 环氧富锌底漆一道 →

自检→刷环氧云铁漆→自检→氯化橡胶面漆→自检。

2）封闭涂料选择的原则：选择与锌层使用环境相适应的封闭涂料（参照表3.1－1），一是具有合格的黏度，能很好地渗透到金属涂层的孔隙内；二是与涂层金属不起反应；三是适应腐蚀环境。从锌层质量合格后到使用封闭涂料的间隔时间越短越好，这样可以减少灰尘污染喷涂层，也可以提高涂料的封闭能力和加快涂料的干燥。涂料的干燥与固化的时间对涂层质量影响较大，在涂料的施工中须根据环境与涂料的类型合理确定。

表3.1－1　　涂料配套性参考表

涂于下层的涂料	涂于上层的涂料												
	磷化底漆	无机富锌涂料	环氧富锌涂料	环氧云铁涂料	油性防锈涂料	醇酸树脂涂料	酚醛树脂涂料	氯化橡胶涂料	乙烯树脂涂料	环氧树脂涂料	环氧沥青涂料	聚氨酯涂料	氟碳涂料
磷化底漆	×	×	×	△	□	□	□	□	□	△	△	△	×
无机富锌涂料	□	□	□	□	×	×	×	□	□	□	□	□	×
环氧富锌涂料	□	×	□	□	×	×	×	□	□	□	□	□	□
环氧云铁涂料	×	×	×	□	□	□	□	□	□	□	□	□	□
油性防锈涂料	×	×	×	×	□	□	□	×	×	×	×	×	×
醇酸树脂涂料	×	×	×	×	□	□	□	×	×	×	×	×	×
酚醛树脂涂料	×	×	×	×	□	□	□	×	×	×	×	×	×
氯化橡胶涂料	×	×	×	×	×	□	□	□	×	×	×	×	×
乙烯树脂涂料	×	×	×	×	×	×	×	×	□	×	×	×	×
环氧树脂涂料	×	×	×	△	×	△	△	△	□	□	△	□	□
环氧沥青涂料	×	×	×	×	×	×	×	△	△	△	□	△	×
聚氨酯涂料	×	×	×	×	×	×	×	×	×	×	×	□	×
氟碳涂料	×	×	×	×	×	×	×	×	×	×	×	×	□

注　□—可；△—要根据条件而定（注意涂覆间隔时间）；×—不可。

3）喷涂操作方法：为达到较为均匀的喷涂扇形，保持喷枪与被闸门表面垂直，保持枪距（350～400mm）平行均速运行，以达到最佳的遮盖力而又不造成涂料堆积或流挂，保证漆膜均匀的厚度。一般地喷涂分为纵向、横向以及纵横交错三种方法。喷枪与被涂物之间距离要稍大一点，但每一次喷涂的边缘，应当在前面已经喷好的边缘上重叠1/3～1/2。

4）喷涂注意事项：高压无气喷涂施工时，施工前应把工作面上的灰尘清理干净，操作前注意检查进气管接头、气源接头、高压泵接头是否牢靠且不漏气。定期检查和清理吸料器内的过滤网，保证滤网不堵塞。高压喷枪的旋转活络接头与高压软管连接要牢靠。枪体和枪嘴用后清洗干净，涂料桶内不得掉入灰尘杂质等污染物。使用后管道内的积存涂料要吹净，喷涂后可用配套稀料进行清洗。无气喷涂的高压涂料从喷嘴或输漆管受损处的小孔中喷出的速度非常高，有穿破皮肤的危险，而且涂料组成中含有对人体有害的物质，所以喷枪绝对不能朝向自己或他人。

5）质量控制：封闭漆喷涂完成后，基体金属表面应无流挂、表面光滑且锌丝的金属光泽完全被覆盖。用测厚仪检查厚度（参照表3.1-2），油漆刷层厚度要均匀，厚度及层数符合设计要求，并符合两个85%原则：85%以上的测点的厚度应达到设计厚度；没有达到设计厚度的测点，其最低厚度应不低于设计厚度的85%。油漆涂膜根据厚度大小分别采用划格法检查油漆附着力有无剥离现象。

表3.1-2　　水下（潮湿）水工金属结构涂料配套参考表

设计使用年限/a	序号	涂层系统	涂料种类	涂层推荐厚度/μm
>10	1	底层	环氧富锌底漆	60
		中间层	环氧云铁中间漆	80
		面层	厚浆型环氧沥青面漆	200
	2	底层	无机富锌底漆	60
		中间层	环氧云铁中间漆	80
		面层	厚浆型环氧沥青面漆	200
	3	底层	环氧（无机）富锌底漆	60
		中间层	环氧云铁中间漆	80
		面层	氯化橡胶面漆	80
	4	底层	环氧（无机）富锌底漆	60
		中间层	环氧云铁中间漆	80
		面层	改性耐磨环氧涂料	100
	5	底层	环氧沥青防锈底漆	120
		面层	厚浆型环氧沥青面漆	200

3.1.4 质量标准

（1）表面预处理后，用干燥、无油的压缩空气清除浮尘和碎屑，清理后的表面不得用手触摸。

（2）喷射处理。

1）磨料选择石英砂，粒径为0.5～1.5mm。磨料要求有棱角、清洁、干燥、没有油污。

2）所有的压缩空气经过冷却装置及油水分离器处理，以保证压缩空气的干燥、无油。压缩空气压力为0.7MPa。

3）喷嘴到基体金属表面保持100～300mm的距离。

4）喷嘴的孔口直径由于磨损而增大，当其直径增大25%时需更换。

5）喷射方向与基体金属表面法线的夹角控制在15°～30°范围内。

（3）涂装前如发现基体金属表面被污染或返锈，必须重新进行处理。

3.1.5 成品保护

（1）喷漆时应做好对其他设备和环境的保护，不同色喷涂要做好防护，以免造成二次污染。

（2）每层漆的涂装应经检查和同意后进行，检查内容包括表面预处理或前层漆的干化等。

3.1.6 施工中应注意的质量问题

（1）喷砂完成后首先对喷砂除锈部位进行全面检查，其次要对基体钢材表面进行清洁度和粗糙度检查。金属结构表面清洁度应达到 Sa2.5。

（2）喷锌后工作面均匀无杂物、无鼓包、孔洞、凹凸不平、粗颗粒、掉块及裂纹等现象。

（3）封闭漆喷涂完成后必须达到基体金属表面无流挂、表面光滑且锌丝的金属光泽完全被覆盖。

3.1.7 施工中应注意的安全问题

（1）喷砂人员佩戴有空气分配器的头盔面罩和防护服、手套。划清工作区与安全区，禁止无防护的人员进入磨料射及的区域。作业前操作工应先检查软管、接头、空压机、喷砂机等，在没有破损和故障后方可使用。

（2）喷锌所用各种设备应符合设计要求，保证设备安全可靠。喷镀人员应穿戴供气式防护服以及其他防护用品。所有管路及接头要牢固、并经常检查，防止崩脱伤人。压缩空气必须有效地分离油和水。

（3）喷漆现场作业不得携带火种，严格按劳保用品着装，工作人员应清楚现场消防器材的位置和消防器材的使用方法。工作场地应挂上明显的防火标志，消防器材要备配齐全。

3.2 闸门止水更换施工工艺

3.2.1 适用范围

本工艺适用于水闸、泵站橡皮材料的闸门止水的维修更换施工。

3.2.2 施工准备

（1）机械准备：高压气泵、手持风炮、电钻、冲子、锤、切割、常用工具等。

（2）材料准备：根据闸门型号采购止水橡皮、厚度不小于 4cm 松木板。

（3）作业条件：

1）经检查鉴定，止水橡皮强度降低达不到相应技术要求，如出现老化、变形等一系列问题时，应更换新的止水橡皮。

2）闸门漏水量超过设计要求时，应及时检查工作闸门止水橡皮，止水橡皮遭到破坏、损伤时，应更换新的止水橡皮。

3.2.3 操作工艺

3.2.3.1 工艺流程

施工准备 → 拆除损毁止水橡皮 → 定型切割新止水橡皮 → 冲孔 → 安装压紧 → 检查验收

3.2.3.2 施工操作要点

（1）施工准备：

1）充分了解原止水橡皮的型号尺寸、螺孔的间距和孔径、压板螺栓的长度尺寸和直径等技术规格，从数量和质量两方面做好材料准备。

2）准备好工具器械和所用配件。

3）选好便于安装拆卸的维修养护施工脚手架和操作平台。

4）关闭备用检修闸门，升起需要更换止水橡皮的闸门，确保止水橡皮全部脱离水面并可以晾干。

（2）拆除损毁止水橡皮：

1）将已经损坏的止水橡皮和压板拆卸下来，如螺丝锈蚀严重，可用锯割或冲击拆卸，但要确保不伤害闸门门体。

2）确保拆除过程不能损坏闸门门体及丝孔。

（3）新止水橡皮安装：

1）定型切割：根据闸门尺寸确定止水橡皮尺寸，切割时必须稳定，保证不走偏变形。

2）冲孔：新止水橡皮的螺孔需按门叶或止水压板上的螺孔位置尺寸进行定位，用记号笔标记后，按顺序冲孔，冲子与止水橡皮垂直相交，锤击一次成型，不允许发生倾斜和偏移现象。

（4）安装压紧：安装压板应按从中间向两端的顺序安装螺栓，先调整止水橡皮位置和固定压板位置，再依次固定螺栓至规定扭矩。当螺栓均匀拧紧后其端头应低于止水橡皮表面8mm以上。

（5）检查验收：

1）止水压板紧压力度一致，牢固无松动、无起伏现象。

2）闸门运行没有卡阻现象，止水橡皮与闸门滚轮滑道面接触均匀密实，没有变形现象。

3）闸门挡水工作后没有漏水、渗水现象。

3.2.4　质量标准

一般止水装置是用压板和热板把止水橡胶夹紧，并用螺栓固定于门叶或埋设在门楣上。止水橡皮设置方面，应根据水压而定，一般要求止水橡皮在受到水压后，能使其圆头压紧在止水座上。

（1）吊杆连接可靠，启闭时，应向止水橡皮处淋水润滑。

（2）闸门在启闭过程中滚轮应转动正常，升降时无卡阻现象，且不能损伤止水橡皮。

（3）闸门全部处于工作部位后，用灯光或其他方法检查止水橡皮压紧程度良好，不存在透亮或间隙现象。

（4）闸门在承受设计水头压力时，通过橡皮止水每米长度的漏水量不应超过0.1L/s。

3.2.5　成品保护

安装止水橡皮以后，如果闸门喷漆，可采用胶带固定在止水橡皮上，待刷漆以后取下。

3.2.6　施工中应注意的质量问题

（1）止水橡皮尺寸应符合设计标准，厚度允许误差±1mm，外形尺寸允许误差为设计尺寸的2%。止水橡皮接头可采用生胶热压等方法胶合，胶合后的接头不应有错位、凹凸不平和疏松现象。

（2）止水橡皮安装后，两侧止水中心距离和顶止水中心至止水底缘距离偏差均不应超过上板3mm，止水平整度不应超过2mm起伏。

（3）要从中间至两边的顺序安装螺栓，调整橡皮位置和固定压板位置依次将螺栓紧固至规定扭矩。

（4）止水压板表面附着物应处理干净，不允许有锈蚀。

（5）止水橡皮安装后压板应封闭油漆。待油漆干后方可将闸门放到水下。

3.2.7 施工中应注意的安全问题

（1）安装过程中应佩戴安全防护用品。

（2）止水橡皮在冲眼过程中冲子、锤头应拿稳，防止冲子反弹伤人。

（3）现场应放置交通警示标志、准备好灭火器等消防器材。

3.3 启闭机防腐处理施工工艺

3.3.1 适用范围

本工艺适用于水闸、泵站维修养护工程启闭机设备表面防腐处理。

3.3.2 施工准备

（1）机械准备：空气压缩机1台，高压无气喷涂机1台，小型砂轮机1台，打磨机2台。

（2）材料准备：打磨片，砂纸，专用刮刀，脱漆剂，稀释剂，腻子粉，固化剂，防锈漆，锤纹漆等。

（3）作业条件：机房空气通畅，温度适宜，接触面干燥。

3.3.3 操作工艺

3.3.3.1 工艺流程

施工准备→搭设脚手架、掩盖保护层→打磨除锈→喷涂防锈底漆→喷涂面漆→检查验收

3.3.3.2 施工操作要点

（1）搭设脚手架（设备较低的不需要），设置方便施工平台。

（2）在启闭设备周围、轴承、钢丝绳滚筒、地板等非涂面铺盖保护层，如铺设毛毡或纸箱等。

（3）底层漆面处理：清理打磨启闭机外壳表面及喷漆面，均匀涂抹脱漆剂，并用专用刮刀刮除启闭机外表油漆，再用砂纸和磨光机打磨表面，彻底清除表面老化油漆和锈斑。清洁时，应切断电源，严禁带电作业。同时注意保护启闭机房地面及机房内电器等设施。

（4）喷涂防锈底漆：

1）用拌制好的腻子找平机械设备表面缺陷和凹坑，环境温度15℃以上，间隔4h以上，确保干透后用砂纸打磨平整光滑。

2）将防锈漆搅拌均匀，匀速喷洒，涂层漆膜应光滑无皱纹、流痕、气泡及透底色等缺陷。

（5）喷涂面漆：将锤纹漆搅拌均匀，匀速喷洒，涂层漆膜须光滑无皱纹、流痕、气泡、透底色等缺陷。需喷涂两道，中间间隔24h，环境温度15℃以上，保证完全干透后进行最后一道喷涂。

3.3.4　质量标准

（1）涂装防腐按《食品机械通用技术条件　表面涂漆》（SB/T 228—2007）执行。

（2）表面预处理等级：固定式启闭机的结构件及管道应达到《涂装前钢材表面锈蚀等级和除锈等级》（GB/T 8923—2011）中的Sa21/2级，其他零件应达到St2级。

3.3.5　成品保护

（1）喷漆应在干燥的空气中进行，在雨天、雾天等湿度较大的天气中应停止喷涂，当空气或表面低于5℃或高于50℃、湿度大于80%时都应停止喷涂。

（2）喷漆时应做好对其他设备和环境的保护，不同色喷涂要做好防护，以免造成二次污染。

（3）每层漆的涂装应经检查和同意后进行，检查内容包括表面预处理或前层漆的干化等。

（4）涂料配套使用，底漆、中间漆和面漆原则上均应采用同一厂家的产品。

3.3.6　施工中应注意的质量问题

（1）采用人工和电动方式除锈，除锈要彻底见本色，除锈等级为St2级；处理后，表面粗糙度值对于涂料涂装Ry应在40～70μm，每层漆膜都需要进行检测表面厚度和平整度，清洁时，切断电源，严禁带电作业。同时注意保护启闭机房地面及启闭机房内电器等设施。

（2）大面积的涂料涂装应采用高压无气喷枪喷涂，小面积及空间较小的部位应采用气喷枪和手工涂刷相结合进行喷涂。各喷涂带之间要有1/3宽度的重叠，厚薄要均匀，应避免流挂等现象发生。

（3）涂料涂装应在温度高于10℃、基体金属表面温度高于露点温度3℃的条件下进行。涂装前应对基体表面进行清理，用干净、干燥的压缩空气将基体表面的灰尘吹干净，同时要对底漆涂层进行打磨，增加底涂层与面层油漆的结合力。涂装时使用的压缩空气必须是干燥、清洁的，必须经过油水分离器的过滤。

（4）严格按照涂料制造厂家涂料配比以及调配方法的规定，进行涂料调配。涂层系统各层间的涂覆间隔时间应严格按照涂料制造厂家的规定执行，如超过其最长时间，则应将前一涂层用粗砂布打毛后再进行涂装，以保证涂层间的结合力。

（5）每层涂装时应对前一涂层进行外观检查，如发现漏涂、流挂、皱纹等缺陷，应及时进行处理。

3.3.7　施工中应注意的安全问题

（1）进场前对本项目工地所有职工做好进场培训。

（2）开工前应对作业人员做好技术交底，使施工人员必须做到人人熟悉施工规程和安全制度，施工前必须进行安全教育。未经安全教育不得进入施工现场。

（3）施工现场严禁烟火，对员工强化消防意识教育，施工现场需配备足够的消防设施。

（4）施工中应佩戴防毒面具，施工现场要有良好的通风条件，及时排除粉尘、漆雾等有害物质，防止有害物对人体的伤害，严防中毒事件发生。

（5）施工人员需配备各种安全防护用具，人人佩戴安全帽，高处作业要系好安全带，张拉安全网。

（6）要做到安全用电、施工设备应可靠接地，所有配电箱配备漏电保护器，防止触电，主要用电器附近配备灭火器，防止电器过载或误操作引起设备损坏或火灾。

3.4 钢丝绳维修养护施工工艺

3.4.1 适用范围

本工艺适用于水闸、泵站维修养护工程中卷扬式启闭机室内外钢丝绳清洗、上油养护。

3.4.2 施工准备

（1）机械（工器具）准备：毛刷、棉纱、竹签、扳手等器具，脚手架，安全带，备用吊笼及配套的滑轮、支撑杆、绳索、游标卡尺等。

（2）材料准备：润滑脂、柴油。

（3）作业条件：每年两次，即汛前、汛后各一次，天气晴朗湿度较小时进行。

3.4.3 操作工艺

3.4.3.1 工艺流程

施工准备 → 搭设脚手架（安装吊笼） → 钢丝绳检查 → 清理、除污 → 钢丝绳上油 → 紧固钢丝绳配件 → 检查验收

3.4.3.2 搭设脚手架（或安装吊笼）

根据水闸现场实际形式选用脚手架或搭设吊笼，确保工作平台运行安全。

3.4.3.3 清除钢丝绳油污

（1）清理除污：清除钢丝绳上的失效油脂和其他污物，使用毛刷或表面硬度比钢丝绳硬度低的工具，应避免损伤钢丝绳镀锌层表面造成钢丝锈蚀或断丝，清污时，先用竹签剔除绳沟槽污渍，再用毛刷沿绳股的方向来回拖动，将钢丝绳表面及绳股间的油污清除。

（2）清洗钢丝绳：用棉纱浸泡柴油拧干擦洗绳股，反复擦洗 2～3 次，直至钢丝绳表面无油污，露出金属本色为止。

3.4.3.4 钢丝绳上油

待清洗剂挥发后，涂抹防护油脂，涂抹时要均匀。

3.4.3.5 钢丝绳配件紧固

同时紧固钢丝绳各连接件及紧固件，确保各部位螺栓无松动现象。

3.4.4 质量标准

（1）钢丝绳保持清洁、无断丝、锈蚀，端头固定符合要求。

（2）钢丝绳老化油脂及附着杂物应清理干净，露出金属本色。

（3）钢丝绳涂刷油脂前确保钢丝绳表面干燥。

（4）油脂涂抹应均匀，厚度控制在 1～2mm，不得超厚或超薄。

3.4.5 成品保护

（1）严禁损伤钢丝绳绳丝。清除钢丝绳油污时注意保护钢丝绳绳丝，不能使用钢丝刷

除污，不能使用损伤钢丝绳保护层的除味剂等。

（2）钢丝绳维修养护应与启闭机卷筒、滑轮组及闸门连接件等关键部位结合起来保养，即与钢丝绳接触的卷筒和滑轮应同时清洗、同时涂刷油脂。

（3）拆除脚手架、工作平台等设施时，注意施工安全，注意保护养护好的钢丝绳。

（4）日常养护中，应按规定定期对钢丝绳进行外部检查和内部检查，对钢丝绳进行随时监控，为安全、合理使用钢丝绳提供依据。

3.4.6 施工中应注意的质量问题

（1）清除油污时应避免损伤钢丝绳镀锌层。

（2）表面油污清除彻底，油脂选择应符合要求，涂抹应均匀，无遗漏或厚薄不均现象。

（3）紧固钢丝绳各连接件及紧固件，确保无松动现象。

3.4.7 施工中应注意的安全问题

（1）进入施工现场必须戴安全帽。

（2）施工现场必须设置专职启闭机操作员，严格控制闸门起降安全。

（3）施工现场必须设置专职安全员对各施工点进行安全检查和监督。

1）对存在安全隐患的部位应设置安全警示标志。

2）涉及高空作业人员应衣着轻便、穿软底鞋，戴好安全帽、系好安全带。

3）作业人员不得酒后作业，严禁带病作业。

4）遇五级以上大风天气立即停止作业。

（4）现场必须防爆、防火、防电击、防跌落，必须配备灭火器材。

3.5 卷扬式启闭机钢丝绳提升孔密封改造工艺

3.5.1 适用范围

本工艺适用于水闸、泵站维修养护工程中卷扬式启闭机钢丝绳提升孔密封改造工程。

3.5.2 施工准备

（1）机械准备：手持电钻，切割机。

（2）材料准备：3cm厚成品高密度板，铝合金型材，透明亚克力板，伸缩装置，集成操作模块。

3.5.3 操作工艺

3.5.3.1 工艺流程

施工准备→拆除原有装置→测量尺寸→加工制作→安装提升孔→测试→检查验收

3.5.3.2 施工操作要点

（1）拆除原有装置：原有密封装置拆除，清除影响施工的障碍物。

（2）测量尺寸：测量提升孔尺寸，绘制加工图纸。

（3）制作安装：根据图纸进行定制加工、成品制作，然后进行提升孔现场安装。

3.5.4 质量标准

本装置为定制加工原件进行组装，外表结构美观，标准外形统一，密封效果良好。

3.5.5 成品保护

每半年对其伸缩装置、集成操作模块、线路进行定期检查。

3.5.6 施工中应注意的质量问题

（1）选用质量较好的原材料及配件，施工过程中做好技术交底，各种部件安装完后进行调试确保各部件联结牢固，设备运行良好。

（2）水平推拉方式在卷扬启闭机工作时与启闭机无接触，不会对钢丝上表面保护油脂造成剐蹭现象。

（3）水平推拉方式开启方向为钢丝绳运行方向相同，开启幅度大，满足闸门全行程运行需要。

（4）采用柔性密封条，提升孔封闭时不会因推挤作用力损坏钢丝绳。

3.5.7 施工中应注意的安全问题

（1）施工前，项目部应进行安全技术交底，进行安全教育，制定安全预案，消除事故隐患，保证施工安全。

（2）现场施工人员必须正确佩戴合格的安全帽。配备合格的安全防护用具。

（3）施工现场应设置明显的安全警示标志，确保施工人员安全。

（4）施工设备、机械等使用前应严格检查、调试，使其处于良好状态。机械操作人员持证上岗。

（5）注意施工用电安全，严格按照用电操作规程操作。

（6）施工人员在上班期间不准喝酒，更不准酒后作业。

（7）高处作业时，施工人员正确使用安全带，采取有效的防护措施。施工人员不能患有恐高、高血压、心脏病等疾病。

3.6 液压启闭机液压油过滤施工工艺

3.6.1 适用范围

本工艺适用于变压器油、互感器油、液压设备液压油、电容器油、汽轮机油、润滑油、齿轮油等过滤项目施工。

3.6.2 施工准备

（1）机械准备：液压油过滤设备等。

（2）电源条件：施工用电就近联网使用。

3.6.3 操作工艺

3.6.3.1 工艺流程

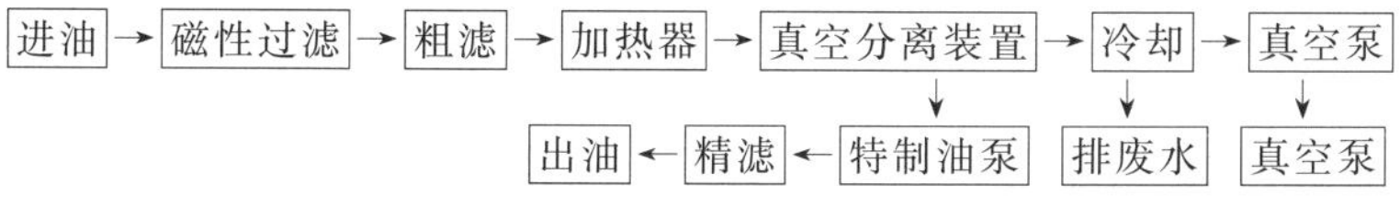

进油→磁性过滤→粗滤→加热器→真空分离装置→冷却→真空泵

真空分离装置↓特制油泵；冷却↓排废水；真空泵↓真空泵

出油←精滤←特制油泵　排废水　真空泵

3.6.3.2 施工操作要点

（1）关闭各阀门，启动真空泵，打开真空泵抽气阀，使真空度达到最大值。打开进油阀，使油液进入分离罐，当从观察孔中能看到油液后，关闭真空泵，打开充气阀，卸掉系统中的真空，然后打开排油阀，启动油泵，当有油排出后，立即关闭油泵。

（2）重新启动真空泵，待真空度达到额定值时，打开进油阀，当油液能从观察孔看到时，打开排油阀门启动油泵排油。

（3）当有油排出后，启动加热器，并将温度调至工作温度（一般设置在65℃左右）。

（4）加热器的控制电路是串联在真空泵控制电路后的。所以关闭真空泵时，加热系统也随之关闭。只有启动真空泵后并有油进入时才允许启动加热器以避免加热器在无油循环时烧坏。

（5）待停机后，解除真空，打开放水阀放水。

（6）当油液含水量过重时，由于在高真空状态下挥发出的水蒸气太多，大量气泡与油混合形成泡沫，很容易进入冷凝器并由真空泵抽出，此时，可微微打开充气阀，降低真空度到刚好不能形成气泡为宜。另外，通过加温以尽快消除泡沫。待泡沫逐渐消失后，关闭充气阀，进入高真空正常运行。

（7）当净化含水较多的油液时，应旋开真空泵的掺气阀，向泵的排气腔注入空气，使水蒸气随空气一起排除，以免水蒸气凝结成水后混入油中，从而延长真空泵的使用寿命。但掺气阀打开后真空度略有下降，所以无明显水分后应旋上掺气阀。

（8）停机时，先关闭加热系统3min后再关闭真空泵，然后关闭真空泵抽气阀，关闭进油阀，打开充气阀，等油液排尽后，关闭油泵，关闭总电源。

3.6.4 质量标准

油品净化后质量标准见表3.6-1。

表3.6-1 油品净化后质量标准

1	油中含水量/%	无（痕迹） (GB/T 260)	6	外状	黄色、透明、无杂质
2	油中含气量/%	≤0.1% (GB/T 423)	7	运动黏度	41.4～50.6
3	机械杂质/%	无 (GB/T 511)	8	闪点	≥185
4	过滤精度/μm	≤3μm	9	抗乳化性	≤30
5	清洁度	≤NAS6级	10	酸值	0.58

3.6.5 成品保护

3.6.5.1 注意液压油的污染问题

（1）由于液压设备运行时，液压系统中的油管接头、法兰、液压油泵、控制元件、蓄压器、液压缸等部件的连接部分，或结合面处，由于种种原因造成不密封，使液压油箱、油池产生气泡及液压油变质，继而使空气进入整个系统，不但使油变质，甚至造成不能使用，影响了设备的工作性能。为了保证工作质量，应及时注意更换不良的密封件。例如采取降低液压油泵的安装高度，正确选择密封件和油，以防止空气混入。

（2）无论液压油在使用中或保管中都要防止水分的混入。油中混入一定量的水分，会使油液变成乳白色，严重时甚至不能使用。其原因：一是使用前油箱油桶未加盖或不密封使湿度较大的空气混入；二是盛油器具内有水未擦干净；三是使用中设备的油箱、油池未加盖或未盖好不密封，同样使湿度较高的空气进入油液；四是冷却器漏水等。为了防止水分的进入，液压油必须保管在较为干燥的地方，桶、罐等盛油器具要加盖并严格密封，盛油器具应擦干后方可使用；设备油箱应随时加盖，及时更换冷却器水管。

（3）防止固体杂质混入油中。液压油中混入加工的切屑、焊接油管的焊渣以及砂土、锈片、金属粉末等，都会影响系统的工作性能，加快元件的磨损，降低元件的使用寿命。因此，在加灌油前要清洗油箱内部，安装焊接管前后，一定要清洗吹通，要防止尘土进入油箱，保持其严密。定期清洗油滤，保持系统密封清洁。加油前要用油滤滤除杂质。

（4）防止液压油中产生胶质状物质。这种物质是产生于油箱涂漆层，长期被油浸蚀，使油液发生变质，进而促使油液中产生胶状物质。各种橡胶密封圈也会产生这种物质。而这种物质在液压系统工作时，往往使节流小孔塞堵，影响系统正常工作。因此，要选择质量高的液压油，以及选用耐油的接触物。

3.6.5.2 注意液压油的压力损失

（1）由于安装液压油管道时，其长度超过设计值，使管道的弯曲度增多，管段的截面突然变大，造成流体压力损失。

（2）安装油管时，若其内壁杂质未清除，焊接缝的焊渣未去净，毛刺未打光等，以致内壁较粗糙，会造成压力损失。

（3）根据设备性能要求，选择适当的液压油，如果黏度过大，油流动内阻就越大，其压力损失就越大。

（4）根据设备工作的要求，管道应保持足够大的流通面积，并将液流的速度控制在适当的范围内，否则都将增加流动阻力。

3.6.6 施工中应注意的质量问题

（1）严格按照操作流程操作。

（2）非专业人员或授权机构不得擅自更改或短接控制系统线路。

（3）设备自动加热温度已由调试人员按用户要求设置，调定后非专业调试、维修人员不能随意改动。

（4）滤油机外观，真空脱气罐、电加热器、冷凝器支撑钢架等装备质量应完整无损，连接无松动，焊接部位保证无焊瘤、毛刺、锈斑；全部基础件应均做磷化处理；整机表面应采用喷塑工艺，以增强表面强度和硬度。

3.6.7 施工中应注意的安全问题

（1）施工前，项目部应进行安全技术交底，进行安全教育，制定安全预案，消除事故隐患，保证施工安全。

（2）现场施工人员必须正确佩戴合格的安全帽，配备合格的安全防护用具。

（3）施工现场应设置明显的安全警示标志，确保施工人员安全。

（4）施工设备、机械等使用前应严格检查、调试，使其处于良好状态。机械操作人员持证上岗。

(5) 电源接线要严格按照电气图接线，做好接地，注意安全。在供电的时候不要试图拆卸设备内部的任何单元；不要触及设备内部的端子或执行器，这样做可能导致电击和严重事故。

(6) 在设备运行过程中，不要试图拆卸或修改机内任何单元。只有具备电气系统知识的从业人员可以进行检修。

(7) 当温控仪失效，不能再对加热系统进行控制时，绝对禁止启动加热器。

(8) 严禁在下列场所操作控制系统：温度或湿度超过规定范围的场所；由于温度急剧改变而引起凝露的场所。

(9) 施工人员在上班期间不准喝酒，严禁酒后作业。

3.7 水闸机电设备养护施工工艺

3.7.1 适用范围

本工艺适用于水闸机电设备维修养护施工，主要包括：电动机维护、操作设备维护、配电输变电系统维护、防雷与接地及照明设施维护。

3.7.2 施工准备

(1) 机械准备。

1) 机械器具准备：电锤、冲击钻、电焊机、脚手架或爬梯等设备。

2) 工器具准备：钢锯、手锤、铁锹、铁镐、大锤、夯桶、线坠、卷尺、大绳、粉线袋、绞磨（或倒链)、紧线器、电工工具等。

(2) 材料准备：电器材料，管材备件，各种更换件，油料（汽油、机油、柴油和黄油等)。

(3) 作业条件：非汛期进行常规的维修养护，确保现场用电安全。

3.7.3 操作工艺

3.7.3.1 工艺流程

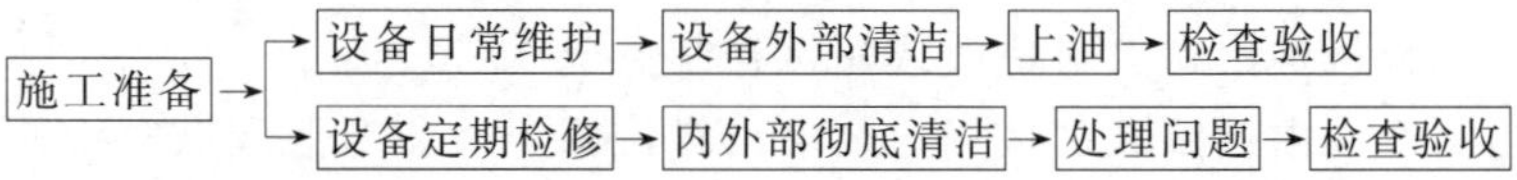

施工准备 → 设备日常维护 → 设备外部清洁 → 上油 → 检查验收

施工准备 → 设备定期检修 → 内外部彻底清洁 → 处理问题 → 检查验收

3.7.3.2 施工操作要点

(1) 电动机。

1) 检查电动机外壳、接线盒及压线螺栓。

2) 检查电动机轴承油质、油量和油环，更换润滑油。

3) 检查处理电动机引线的连接情况和绝缘包扎情况。

4) 检测绝缘电阻是否符合要求，更换不符合要求的部件。

(2) 操作设备。

1) 检查动力柜、照明柜、启闭机操作箱、检修电源箱等接线是否牢靠。

2) 检查各种开关、按钮是否灵敏、老化，更换老化或损毁元件。

3) 检查主令控制器及限位开关装置限位是否准确可靠，触点有无烧毛现象；上下限位装置是否分别与闸门最高、最低位置一致。

4）检查熔断器的熔丝规格是否符合要求。

（3）配电、输变电系统。

1）定期检测变压器油油质，更换不符合标准的变压器油。

2）定期检查放油门和密封垫是否完好，修复或更换损坏的零部件。

3）检查引出线接头是否牢固，更换损坏的零部件。

4）检查配电线路，更换绝缘不符合规定要求老化的线路。

（4）防雷与接地。

1）每年检测一次避雷设施，对不满足要求的进行修复或更换。

2）及时修补局部损坏的防雷接地器支架的防腐涂层。

3）检测接地电阻，接地超过 10Ω 时，应补充接地板。

4）避雷针（线、带）及引下线腐蚀量超过截面的 30%时应更换。

（5）照明设施维护。及时修复故障照明系统。

3.7.4 质量标准

3.7.4.1 电动机

（1）电动机外壳应保持无尘、无污、无锈，铭牌完整、准确、清晰。

（2）接线盒应防潮，压线螺栓应紧固。

（3）轴承内的润滑脂应保持填满空腔内 1/2～1/3，油质合格；定子与转子间的间隙要保持均匀，无松动、磨损等缺陷。

（4）绕组的绝缘电阻值不小于 0.5MΩ。

3.7.4.2 操作设备

（1）动力柜、照明柜、启闭机操作箱、检修电源箱等应保持箱内整洁；设在露天的操作箱、电源箱应防雨、防潮。

（2）各种开关、继电保护装置应保持干净、触点良好、接头牢固，无老化、动作失灵现象。

（3）主令控制器及限位开关装置限位准确可靠，触点无烧毛现象；上下限位装置应分别与闸门最高、最低位置一致。

（4）熔断器的熔丝规格须根据被保护设备的容量确定，不得改用大规格熔丝，严禁使用其他金属丝代替。

（5）各种仪表（电流表、电压表、功率表等）指示正确灵敏。

3.7.4.3 配电、输变电系统

（1）各种电气设备无漏电、短路、断路、虚连等现象；线路接头连接良好，铜铝接头无锈蚀。

（2）架空线路畅通，与树木之间的净空距离应符合安全规定的要求。

（3）一次回路、二次回路及导线间的绝缘电阻值都应不小于 0.5MΩ。

（4）变压器、指示仪表维护应符合供电部门有关规定。

3.7.4.4 防雷与接地

（1）接地电阻应不大于 10Ω。

（2）防雷接地器支架的防腐涂层无破损。

（3）避雷针（线、带）及引下线腐蚀量不得超过截面30%。

（4）防雷设施的构架上，严禁架设低压线、广播线及通信线。

3.7.4.5 照明设施

（1）闸区室内外照明线路、设施应整洁、齐全、完好、美观。

（2）应急照明设备应保持完好。

3.7.5 成品保护

（1）对易毁件和易潮件需采取措施保护好，做到密封和防爆处理。

（2）做好防电、防火处理，专人看护用电安全。

3.7.6 施工中应注意的质量问题

（1）汛前应对绕组的绝缘电阻值进行检测，小于0.5MΩ时，应进行干燥处理，如绕组绝缘老化，应视老化程度，采用刷（浸）绝缘漆或更换绕组进行处理。

（2）各种仪表（电流表、电压表、功率表等）应于每年汛前进行检验，保证指示正确灵敏，如发现失灵，应及时检修或更换。

（3）避雷针（线、带）及引下线如锈蚀量超过截面30%以上时，应予更换；防雷接地引下线的防腐涂层局部破损，应及时修补；接地电阻值超过设计允许值的20%时，应补充接地板；防雷设施应按照气象部门有关规定在每年汛前集中进行校验1次。

（4）装配按拆卸的相反顺序进行。

（5）机组解体时，必须对所有螺丝、配件垫铁等零件妥善保存，并做好标记，以便在装配和找正时归原位。

3.7.7 施工中应注意的安全问题

（1）进场前作业人员应进行安全教育培训，未经安全教育的，不得上岗。

（2）移动电具（如冲击钻、手提钻、潜水泵等），使用前应进行检查，并采取保护性接地或者接零措施，并应装有漏电保护开关。

（3）定期进行电气线路的检查和维修。

（4）非专业人员不得擅自接线拉电。

（5）开关柜和变压器等处应加设安全门和防护网及警告标志。

（6）作业人员应配备必要的专业安全防护用具，佩戴安全帽，高空作业佩戴安全绳。

3.8 护栏维修施工工艺

3.8.1 适用范围

本工艺适用于闸区、站区钢护栏、不锈钢护栏、铁艺护栏、混凝土护栏、石护栏的维修及保养。

3.8.2 施工准备

（1）机械准备：喷漆机、磨光机。

（2）材料准备：防锈漆、面漆、防锈油或缝纫机油、肥皂水等。

（3）作业条件：干燥且无风或微风作业。

3.8.3　操作工艺

3.8.3.1　工艺流程

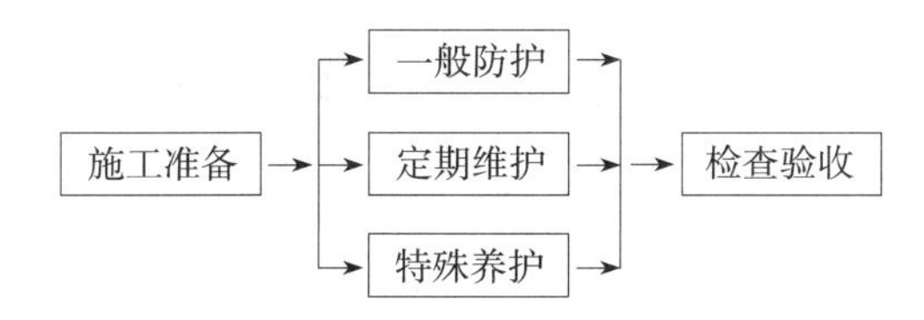

3.8.3.2　施工操作要点

（1）一般防护：做好护栏的防潮工作，雨后及时擦干护栏上的水，防止锈蚀。

（2）定期维护：

1）钢护栏、铁艺护栏局部有锈斑，必须定期除锈维护，先用棉纱蘸缝纫机油涂于锈处，再用柔软棉布除去表面锈斑，最后再涂抹一层防锈油于表层，严禁直接用砂纸或钢丝刷等物品除锈，这样会破坏护栏表面的防锈层，从而导致大面积的锈蚀。

2）不锈钢护栏定期清理表面灰尘及污垢，可用肥皂水轻轻擦洗，注意不要发生表面划伤现象。

3）混凝土护栏维护。混凝土护栏维护分别有混凝土破损修复、混凝土粉刷涂料、混凝土护栏金属部件除锈三种维护方式。混凝土破损修复参照3.13混凝土结构破损修复施工工艺的修复方法。混凝土粉刷参照5.3管理房墙面涂刷维护施工工艺的修复方法。混凝土护栏金属部件除锈，主要对金属部件进行打磨处理后用防锈漆进行涂刷至全部覆盖并满足防锈要求。

4）石栏杆施工。

柱的安装：拉线安装，在柱座面上弹出柱身边线，在柱座侧面弹出柱身中心线，安装时柱顶石上的十字线应与柱中线重合。安装石柱时，应随时用线坠检查整个柱身的垂直，如有偏斜应拆除重砌，不得用敲击方法去纠正。

栏板安装：安装望柱也应按规矩拉通线，按线安装，栏板安装前应在望柱和地栿石上弹出构件中心线及两侧边线，校核标高。栏板位置线放完后，按预先画好的栏板图进行安装。栏板安装前将柱子和地栿上的榫槽、榫窝清理干净，刷一层素水泥浆，随即安装，以保证栏板与望柱之间不留缝隙。栏板搬运时必须使每条绳子同时受力，并仔细校核石料的受力位置后慢慢就位，将挑出部位放于临时支撑上。当栏板安装就位后仔细与控制线进行校核，若有位移，应点撬归位，将构件调整至正确位置。如石料间的缝隙较大，可在接缝处勾抹大理石胶，大理石胶的颜色应根据石材的颜色进行调整，采用白水泥进行颜色可达到最佳效果；如缝子很细，应勾抹油灰或石膏；若设计有说明则按设计说明勾缝。灰缝应与石构件勾平，不得勾成凹缝。灰缝应直顺、严实、光洁。

安装完毕局部如有凸起不平，可进行凿打或剁斧，将石面“洗”平。

（3）特殊养护：钢护栏、铁艺护栏大面积锈蚀，应及时除锈喷漆维护，先清除护栏表面锈迹，然后喷涂防锈漆及面漆。

3.8.4　质量标准

护栏外观保持干净整洁，无断裂、破损、锈蚀等现象。

3.8.5 成品保护

油漆后的护栏如遇雨雪等不利天气，应及时覆盖养护，以免影响油漆附着力。

3.8.6 施工中应注意的质量问题

日常擦拭护栏切勿用尖锐物品，如钢丝刷、清洁球等极易破坏镀锌及油漆层，引起护栏锈蚀。

3.8.7 施工中应注意的安全问题

（1）现场材料堆放整齐有序，保证施工道路畅通。施工现场设置围墙隔离措施，确保行人安全。施工现场必须有醒目的安全文明施工标语、标志、标牌并张贴整齐，一目了然。

（2）进入施工现场的所有人都必须按规定佩戴安全帽。

（3）施工现场的电缆线路应采用穿管埋地或沿墙、电杆架空敷设，严禁沿地面明设。临时配电线路必须按架设整齐。严禁在基坑边护身栏杆上或脚手架上挂设电缆，架空线必须采用绝缘导线，不得采用塑料软线，不得成束架空敷设。

（4）夏季施工安全措施：夏季施工气候炎热，高温时间持续较长，主要做好防止中暑工作。采用多种形式，对职工进行防暑降温知识的宣传教育，使职工知道中暑症状，学会对中暑病人采取应急措施。合理调整作息时间，避开中午高温时间工作，严格控制工人加班加点。高处作业工人的工作时间适当缩短。

（5）冬季进行作业，主要应做好防风、防火、防煤气中毒、防亚硝酸钠中毒的工作。

3.9 检修设施维修施工工艺

3.9.1 适用范围

本工艺适用于水闸工程维修养护中检修闸门、检修启闭机的维修养护。

3.9.2 施工准备

（1）技术准备：

1）做好检修闸门、检修启闭机设备说明书、技术标准、图样等技术资料的准备，应熟悉检修闸门、检修启闭机设备的各项技术指标和性能，掌握其结构组成和接线方式。

2）了解检修闸门、检修启闭机设备的性能，并测试数据（包括主要技术参数、启闭机电机、检修闸门等）。

（2）机械准备：电动葫芦1组，小型运输车1辆，检测仪器、拆装工具等全套。

（3）材料准备：电器材料，各种更换件，闸门防腐材料、油料等。

1）校验所有公用器具、检测仪器仪表、保护设施等，确保其精度并且安全可靠。

2）必须做好防火、防爆、防毒、防高温及高空作业的安全措施。

（4）作业条件：非汛期气候干燥温度适宜时进行常规的养护工作，确保现场用电安全。

3.9.3 操作工艺

3.9.3.1 工艺流程

（1）检修闸门维修养护：

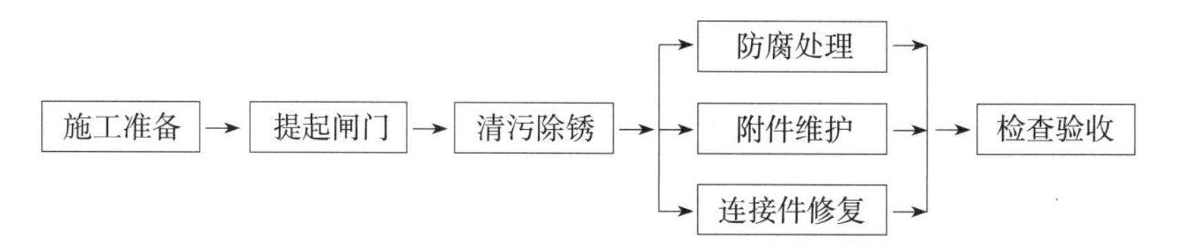

（2）检修启闭设备维修养护：

3.9.3.2　施工操作要点

（1）养护（不需要拆机大修）：

1）检查启闭机设备运行情况。

2）检查处理启闭机电动机引线的连接情况和绝缘包扎情况。

3）检查处理各部位接地线。

4）检查行车及轨道运行情况，调整各紧固连接件。

5）维护吊起存放的检修闸门。

6）维护连接件及配套设备。

7）检查闸门滚轮、止水运行情况。

8）保持配电设备和操作设备等装置正常运行。

（2）维修养护（需要进行大修和零件更换）：

1）包括养护项目，需要拆机大修和闸门防腐处理。

2）按照规程检测启闭机设备，钢丝绳除污上油养护，所有连接件进行紧固处理。

3）检测启闭电机，必要时进行更换处理。

4）拆换维修配电设备，清理维护控制屏柜和操作设备，确保其正常运行。

5）检测维修轨道梁系、支臂等，更换滑线等配套设施。

6）维修吊起存放的检修闸门，必要时进行清污除锈做防锈处理。

7）更换损坏止水橡皮，维修滚轮及配件并上油，确保所有组件完好无损。

8）按照规定进行检测试验：

a. 启闭机设备维修安装完毕，应进行检测，确保安装无误。

b. 测试起吊运行灵活自如。

c. 检修闸门起落平稳，整体性能良好。

d. 检修闸门止水密闭性好，运行自如。

9）试运行：

a. 启闭机设备试运行中需测量电机运行参数，各项参数指标须满足合同文件的技术要求，同时做好运行记录。

b. 试运行时间符合技术文件的规定。

3.9.4　质量标准

3.9.4.1　检修启闭机

（1）启闭机防护罩、机体保持表面清洁，除转动部位的工作表面外，均应采用涂料保护。

（2）启闭机的连接件应保持紧固，不得有松动现象。

（3）滑动轴承的轴瓦、轴颈无划痕或拉毛，滚动轴承的滚子及其配件无损伤、变形或严重磨损。

（4）制动装置、启闭设备运转灵活、制动性能良好。

（5）钢丝绳保持清洁、无断丝、锈蚀，端头固定符合要求。

（6）行走机构的转动部件（含夹轨器），保持润滑、灵活；行走轨道不得松动、横向位移；扫轨板、行程开关等安全装置须动作灵活、可靠。

（7）抓梁（挂脱自如式、钩环式、液压穿销式）的转动部分应保持润滑、灵活，防腐蚀涂膜无脱落。

3.9.4.2　检修闸门

（1）保持门槽及周边清洁，无影响闸门启闭的漂浮物、杂物等。

（2）保证闸门面板、梁系、支臂及构件表面清洁，无大面积锈斑。

（3）闸门的连接紧固件应保持牢固，无松动、损坏、缺失等。

（4）门体涂层无裂纹、剥落、生锈鼓包、龟裂、明显粉化等现象。

（5）应保持行走支承装置表面清洁；滚轮及其零部件应保持完好，无损伤、磨损、变形、裂缝、断裂等缺陷，与门体连接牢固可靠。

（6）运转部位的加油设施应保持完好、畅通，所用油油质、油量应符合规定。

（7）闸门止水装置应密封可靠，闭门状态时无翻滚、冒流现象；当门后无水时，无明显的散射现象；止水漏水量应不大于 0.20L/(s·m)。

（8）止水压板无变形、隆起，压板螺栓、螺母齐全。

（9）埋件无局部变形、脱落。

3.9.5　成品保护

（1）启闭设备拆除时，必须对所有螺丝、配件垫铁等零件妥善保存，并做好标记，以便在装配和找正时归原位。

（2）电机等重要部件需包上厚纸防止碰伤。

（3）对易毁件和易潮件需采取措施保护好，做到密封和防爆处理。

（4）做好防电、防火处理，专人看护用电安全。

3.9.6　施工中应注意的质量问题

（1）启闭机的连接件应保持紧固，不得有松动现象。

（2）确保制动装置、启闭设备运转灵活、制动性能良好。

（3）行走机构的转动部件保持润滑、灵活，行走轨道不得松动、横向位移，安全装置须动作灵活、可靠。

（4）检修闸门确保无大面积锈斑，闸门的连接件紧固。

（5）门体涂层应确保完好，行走支承装置应保持完好，与门体连接牢固可靠。

(6) 运转部位的加油设施应保持畅通，所用油油质应符合规定。

(7) 闸门止水装置应密封可靠，止水漏水量应不大于0.20L/(s·m)。

(8) 埋件无局部变形、脱落。

3.9.7 施工中应注意的安全问题

(1) 维修养护前需切断主电源，拆掉电源引接线。

(2) 装配按拆卸的相反顺序进行。

(3) 移动电具使用前应进行检查，并采取保护性接地或者接零措施，并应装有漏电保护开关。

(4) 定期进行电气线路的检查和维修。

(5) 非专业人员，不得擅自接线拉电。

(6) 设备安装完毕后，应检查熔断器、自动开关是否完好，设备外壳是否可靠接地。

(7) 控制柜应加设警示标志。

(8) 必须做好防火、防爆、防毒、防高温及高空作业的安全防护措施。

3.10 观测设施维护施工工艺

3.10.1 适用范围

本工艺适用于水闸、涵闸、泵站工程的观测设施维护，包括水平、垂直位移观测点、水位观测尺及其附属构件。

3.10.2 施工准备

(1) 机械准备：手持打磨抛光机。

(2) 材料准备：金属结构防锈漆，红、黄、白警示漆，外墙涂料。

3.10.3 操作工艺

3.10.3.1 工艺流程

施工准备 → 检查更换 → 打磨除锈 → 刷漆 → 检查验收

3.10.3.2 施工操作要点

(1) 检查更换：每年汛前、汛后或工程非正常运行后，应对所有观测设施进行检查，查看保护装置及紧固件有无破损、缺失，金属构件有无锈蚀，警示标志是否脱落。通过检查情况记录、汇总，确定施工方案。损坏的保护装置、紧固件（螺栓、螺母）应及时进行更换。

(2) 打磨除锈：金属构件出现锈蚀，使用钢丝刷、手持打磨抛光机、砂轮打磨或人工凿除等办法，彻底打磨抛除掉表面旧漆、粉化漆、油污、浮锈。

(3) 刷漆：打磨除锈后，用干燥压缩空气吹净金属构件附着灰尘等附着物，然后涂刷防锈漆2遍、警示面漆2遍。观测墩、观测桩等混凝土浇筑结构表面涂层，可使用外墙漆或警示漆涂刷，并设置统一的警示标识。涂刷时打磨抛除表面粉化漆面、污垢，使用压缩空气吹净附着灰尘，涂漆均匀规整。

3.10.4 质量标准

观测设施应保持完好，无变形、缺失、损坏、堵塞等现象，标志清晰，无观测障碍物。

3.10.5　成品保护

观测设施周围应做好防护措施，维护完毕后，观测设施保护装置盖板、紧固件安装牢固，防止雨水等侵蚀观测基点，附近杂物、垃圾清除干净。

3.10.6　施工中应注意的质量问题

（1）金属结构、观测墩涂刷保护警示涂层时，基面必须清除干净，漆刷均匀，警示标识规整统一、醒目。

（2）避开阴雨潮湿、大风天气，保证涂层涂刷质量和施工安全。

（3）观测设施应定期进行检查维护，每年不少于2次。

（4）发现破损、缺失的及时进行修复保护，必要时重新设置。

（5）表面涂层刷新处理应至少每2年一次，并设置统一的保护和警示标识。

（6）紧固件（螺栓、螺帽）应经常检查，金属构件防锈宜于每年汛前进行1次。

（7）水尺保持刻度线、读数醒目清楚。

3.10.7　施工中应注意的安全问题

（1）施工前，项目部应进行安全教育，进行安全技术交底，并制定安全预案，消除事故隐患，保证施工安全。

（2）现场施工人员必须正确佩戴合格的安全帽，配备合格的安全防护用具。

（3）施工现场应设置明显的安全警示标志，确保施工人员安全。

（4）施工设备、机械等使用前应严格检查、调试，使其处于良好状态。

（5）注意施工用电安全，严格按照用电操作规程操作。

（6）对粉尘、噪声、高温等职业危害因素采取有效措施防护。

（7）施工人员在上班期间不准喝酒，更不准酒后作业。

3.11　建筑物裂缝处理施工工艺

3.11.1　适用范围

本工艺适用于水闸工程混凝土底板、闸墩、闸前防渗段、闸后消能设施、翼墙及两岸连接工程等出现的裂缝处理。

3.11.2　施工准备

（1）机械准备：砂浆搅拌机、运输胶轮车等。

（2）材料准备：表面粘贴片材，玻璃丝布，高标号水泥砂浆，树脂基砂浆，弹性嵌缝材料，保温保湿覆盖材料等。

（3）作业条件：根据裂缝的性质确定，宜选在裂缝已经稳定不再发展的时候，如果不稳定，应等裂缝稳定后或采取特殊的方法进行处理。一般宜选在裂缝开度中等偏大时、枯水季节进行处理，即每年的3月、4月和11月。

3.11.3　操作工艺

3.11.3.1　工艺流程

施工准备 → 裂缝检测 → 分析原因 → 处理裂缝 → 检查验收

3.11.3.2 施工操作要点

(1) 裂缝检测。

1) 裂缝位置：走向、长度、宽度、深度及分布范围。

2) 裂缝是否稳定：长度、宽度、深度有无发展，一般应连续观测。

3) 有渗水的裂缝应进行定量观测，以判断结构内部裂缝情况。

(2) 分析原因。通过裂缝位置、尺寸、出现的时间等因素，结合设计、施工资料以及现场实际情况进行分析，查明裂缝性质、原因及其危害程度，确定施工方案。处理部位标记清晰，做好记录。

(3) 处理裂缝。

1) 混凝土的微细表面裂缝、浅层缝及缝宽小于裂缝宽度允许值（水上区 0.30mm、水位变化区 0.25mm、水下区 0.30mm）时，可不予处理或采用涂料封闭。

2) 缝宽大于允许值时，为防止裂缝拓展和内部钢筋锈蚀，宜采用表面粘贴片材或玻璃丝布、开槽充填弹性树脂基砂浆或弹性嵌缝材料进行处理。

3) 深层裂缝和贯穿性裂缝，为恢复结构的整体性，宜采用灌浆补强等方法加固处理。

4) 渗（漏）水的裂缝，应先堵漏，再修补。

3.11.4 质量标准

裂缝处理后经相关的质量检验，应满足原设计要求。

3.11.5 成品保护

裂缝处理后应做好保护，冬季低温季节防止冻害，可采取覆盖薄膜、草苫进行保温、保湿；夏季高温季节重点做好保湿保护，可采取覆盖草苫、遮盖、洒水、喷雾、喷水、滴水等方式。

3.11.6 施工中应注意的质量问题

(1) 修补基面进行彻底清理，用毛刷刷干净，并用水冲洗，使之无松动石子及粉尘污垢等。

(2) 裂缝表面粘贴片材或玻璃丝布、开槽充填弹性树脂基砂时，对修补部位松动混凝土进行凿除，做到小锤细凿，避免伤及混凝土。

(3) 在确定混凝土配合比时，不应只注重混凝土强度等级和耐久性，还要结合混凝土结构、部位及养护等情况，对混凝土配合比进行全面设计，使配合比与施工方案相协调。

(4) 加强施工过程中的控制和施工后的养护，应制定相应的方案，严格按方案要求施工，严把质量关，采取有效措施降低混凝土裂缝的出现。

3.11.7 施工中应注意的安全问题

(1) 施工前，项目部应进行安全技术交底，进行安全教育，制定安全预案，消除事故隐患，保证施工安全。

(2) 现场施工人员必须正确佩戴合格的安全帽，配备合格的安全防护用具。

(3) 施工现场应设置明显的安全警示标志，确保施工安全。

(4) 施工设备、机械等使用前应严格检查、调试，使其处于良好状态。机械操作人员持证上岗。

(5) 注意施工用电安全，严格按照用电操作规程操作。

(6) 封闭施工时，应设置围栏，严禁无关人员进入施工现场。

(7) 施工人员在上班期间不准喝酒，更不准酒后作业。

(8) 高处作业时，施工人员正确使用安全带，采取有效的防护措施。施工人员不能患有恐高、高血压、心脏病等疾病。

3.12 伸缩缝填料填充施工工艺

3.12.1 适用范围

本工艺适用于混凝土结构伸缩缝填料的维护。

3.12.2 施工准备

(1) 机械准备：风枪、运输车辆。

(2) 材料准备：钢丝网、GB柔性填料、沥青。

(3) 作业条件：高处作业需搭设脚手架或系安全绳。

3.12.3 操作工艺

3.12.3.1 工艺流程

施工准备→清理缝壁→涂黏合剂→钢丝网安装→GB柔性填料施工→检查验收

3.12.3.2 施工操作要点

(1) 清理缝壁。用钢丝刷刷净缝壁的泥土等杂物，并保持缝壁混凝土干燥状态，混凝土显露面必须无油污、无粉尘。

(2) 涂刷黏合剂。使用液化气喷灯对裂缝进行烘干，保证裂缝内干燥。GB柔性填料填塞前，应在缝槽混凝土表面涂刷黏合剂，涂刷面应宽于填料接触面20mm。GB柔性填料填缝用黏合剂将槽内、外壁均匀涂刷一遍，外壁要相应涂刷的宽一些，不可漏刷。

(3) 钢丝网安装。黏合剂刷好晾晒1h后，手感快干时，先在槽底沿槽走向放置8～10目的钢丝网。缝隙较大时可采用中间填塞木棍的方法。

(4) GB柔性填料施工/沥青灌封。施工时撕去包装的防粘纸，先将一块填料从中间分成两半，填在缝槽底部，加压使之粘贴牢固，然后再一层一层粘贴，并从中部向两边粘贴密实，边粘贴边排气，填料接头间互相搭接，使填料与界面之间连接为密实的整体。将“SR”填料均匀切成条状压入槽内，并在外壁按设计要求的弧状堆起2cm高。填塞填料时应按设计要求、从下往上将填料分层塞入槽内，并按设计尺寸填筑所要求的形状，填筑时应锤击密实，填料表面不得有裂缝和高低起伏，嵌填一定要密实。

当施工条件不好，施工强度不高时，可将加热到要求温度的灌缝沥青块灌入槽内，并要求将所开的灌缝槽灌满填实。灌缝时应当注意的是必须将灌嘴插入缝底，慢慢挤压胶液，否则，灌嘴插不到底部，灌完胶后，缝底部易积存气泡，气泡上升，缝内胶液易积聚成球状，影响灌缝质量。

3.12.4 质量标准

(1) 保证界面的干净、干燥。

（2）黏结剂涂刷均匀、平整。

（3）伸缩缝填料密实，外形尺寸符合质量要求。

（4）保证填料之间及填料与混凝土面间黏结密实。

（5）施工时混凝土潮湿或温度低于5℃时不应施工，宜选择日平均气温在10℃以下施工最为合适，因为这一时段裂缝宽度达到较大值。

3.12.5 成品保护

填缝时应做好对环境的保护，施工完成部位做好防护，在胶体未凝固时避免造成二次破坏。

3.12.6 施工中应注意的质量问题

（1）高处或危险作业需做好安全防护工作，同时施工人员需要配备个人防护用具。

（2）作业时宜在无风沙的干燥天气下进行，如施工中遇风沙天气，须采取挡风措施，以防黏结表面因粘上尘埃而影响黏结力。

（3）产品在运输过程中，应避免阳光直接暴晒、雨淋，并应保持清洁，防止变形，且不能与其他有害物质接触，注意防火。

（4）在填缝的过程中必须有专业技术人员现场指导。

（5）产品应检查产品出厂合格证，对不符合要求的材料严禁使用。

3.12.7 施工中应注意的安全问题

（1）现场材料堆放整齐有序，保证施工道路畅通。施工现场设置围墙隔离措施，确保行人安全。施工现场必须有醒目的安全文明施工标语、标志、标牌并张贴整齐，一目了然。

（2）进入施工现场的所有人都必须按规定佩戴安全帽，施工作业层的外侧采用密目安全网封闭，高处作业的人员都必须按要求系安全带。

（3）施工现场的电缆线路应采用穿管埋地或沿墙、电杆架空敷设，严禁沿地面明设。

（4）临时配电线路必须架设整齐。严禁在基坑边护身栏杆上或脚手架上挂设电缆，架空线必须采用绝缘导线，不得采用塑软线，不得成束架空敷设。

（5）夏季施工安全措施：夏季施工气候炎热，高温时间持续较长，主要做好防止中暑工作。采用多种形式，对职工进行防暑降温知识的宣传教育，使职工知道中暑症状，学会对中暑病人采取应急措施。合理调整作息时间，避开中午高温时间工作，严格控制工人加班加点。高处作业工人的工作时间适当缩短。

（6）冬季进行作业，主要应做好防风、防火、防煤气中毒、防亚硝酸钠中毒的工作。凡参加冬季施工作业的工人，都应进行冬季施工安全教育，并进行安全交底。

3.13 混凝土结构表面破损修复施工工艺

3.13.1 适用范围

本工艺适用于维护建成后混凝土结构外观经长时间氧化、风化、浸蚀、冻融等原因造成的病害，主要病害为泛碱钙化、蜂窝麻面、破损露筋锈蚀及膨胀等。

3.13.2 施工准备

（1）机械准备：高压水枪、气动冲击锤、切割机、钢丝刷。

（2）材料准备：环氧砂浆、界面剂、改性环氧混凝土、密封涂料、水泥砂浆、细石混凝土。

（3）作业条件：高处作业需搭设脚手架或系安全绳。

3.13.3 操作工艺

3.13.3.1 工艺流程

施工准备→表面处理→修复→验收

3.13.3.2 施工操作要点

（1）泛碱钙化。

1）表面处理：对泛碱钙化处的混凝土表面使用人工钢丝刷刷毛，刷至表面钙化白析点基本脱落，刷完后用压力水冲洗表面，使其清洁，不粘尘土，示意图见图3.13－1。

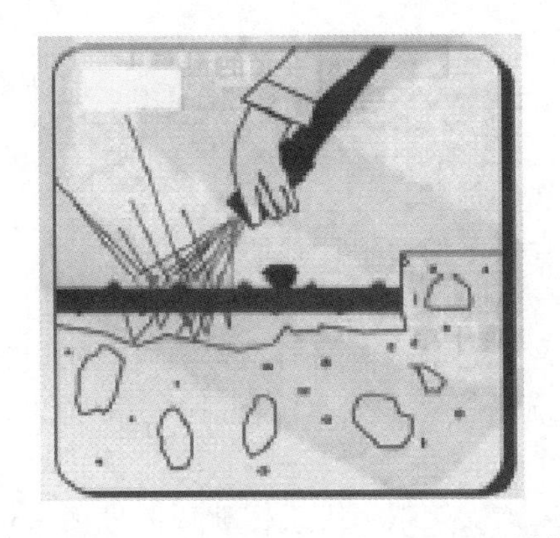

图3.13－1 混凝土表面处理示意图

2）修复方法。

a. 隔离水源，用环氧砂浆封堵混凝土表面。

b. 在处理好的表面上，用泥刀或刮板将环氧砂浆尽快刮批到处理好的表面。

c. 施工时用力压抹，以确保环氧砂浆与基面完全黏附。

d. 刮刀将表面刮平整，压平后修去多余物料，及时表面修平。

e. 养护：待施工完成后根据实际情况进行1～2周的初期养护。

（2）表面颜色不均匀修补（包括表面锈蚀处理）。

1）原因分析：原材料的种类、施工配合比、混凝土的养护条件、混凝土的振捣情况、脱模剂的使用情况、模板的表面结构、模板的吸附性能等，都会使混凝土表面颜色发生变化，混凝土结构表面的锈迹也是常见影响混凝土颜色的一个因素。

2）处理方法：对于颜色不均匀的混凝土表面首先用高压水冲洗混凝土表面，如黏附有隔离剂、尘埃或其他不洁物（塑料薄膜或油污），则应用尼龙织布擦洗干净。紧接着进行重量比选配实验，用最佳重量比的黑、白水泥加聚合物黏合剂组成的水泥稠浆，将混凝土全面批刮一遍，待面干发白时，用棉纱头擦除全部浮灰。再遵循上述方法进行两遍补浆，待达到干凝状态后，用砂纸进行整个表面的细部打磨使表面光滑平整，用手摸无明显的凸凹即可。

(3) 蜂窝麻面。

1) 蜂窝处理方法：小蜂窝先洗刷干净后，用1∶2或1∶2.5水泥砂浆抹平压实。较大的蜂窝先凿去蜂窝处薄弱松散颗粒并刷洗净后，支立加固模板，用强度高一等级的细石混凝土仔细填塞捣实。

2) 麻面处理方法：表面作粉刷的可不处理，表面无粉刷的就在麻面局部浇水充分湿润后，用水泥砂浆将麻面抹平压光。

(4) 破损露筋锈蚀及膨胀。

1) 表面露筋处理方法：表面刷洗净后，涂抹1∶2或1∶2.5水泥砂浆，将露筋部位抹平。

2) 露筋较深：凿去薄弱混凝土和凸出颗粒，先刷干净后，用比原来高一级的细石混凝土填塞压实。

3) 露筋锈蚀及膨胀、锈蚀处治：

a. 用小号的气动冲击锤清除不密实混凝土，确保基层无松动。

b. 钢筋下面的混凝土至少清除2cm。

c. 将维修区域边缘切割成90°，避免出现薄边现象。

d. 高压水清理混凝土表面，钢筋除锈、防锈，界面干燥后，涂抹界面剂，立模浇筑改性环氧混凝土。

修复步骤示意图见图3.13-2。

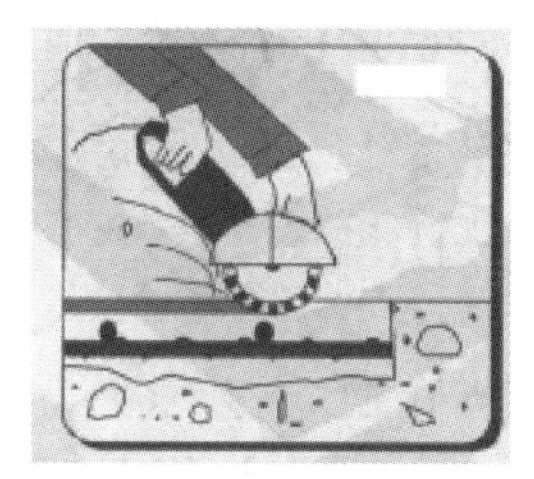

图3.13-2 修复步骤示意图

(5) 验收。对于重要的混凝土表面质量缺陷如较严重的蜂窝、冷缝、渗水施工缝、较严重的表面凹凸不平部位等，应填写质量缺陷登记表进行备案，对缺陷的部位、范围和大小、严重程度、处理的方法和效果进行登记，并按登记表进行验收。

对修补的部位，在砂浆强度达50%时，可用小锤敲击表面进行检查，声音清脆者为合格，声音发哑者说明层间脱空结合不良应凿除重做。

3.13.4 质量标准

混凝土破损处修复完好，修复后强度、外观质量应达到原设计要求。

3.13.5 成品保护

混凝土养护到规定养护期。施工过程中需要注意新老混凝土交接问题，老混凝土必须进行凿毛处理。

根据环境温度选择养护方法，正确控制养护时间、次数、养护用水，特别是当日平均气温低于5℃时，不得浇水养护。

3.13.6　施工中应注意的质量问题

(1) 为保证混凝土外观最终符合规范要求，应采用专门缺陷修补作业队对混凝土表面缺陷进行修补。

(2) 冬期施工的工程，应预先做好冬期各项准备工作，对各项设施和材料应提前采取防雪、防冻等措施（防止材料受水浸入结冰结雪块等）防止施工设施浸水受冻损坏，影响施工操作质量。因此对材料、设施进行覆盖保护十分重要。混凝土、砂浆等的拌和用水，一般情况下不得低于5℃，如温度较低还必须施工时，应对施工用水加温等方式进行处理。

3.13.7　施工中应注意的安全问题

(1) 现场材料堆放整齐有序，保证施工道路畅通。施工现场设置围墙隔离措施，确保行人安全。施工现场必须有醒目的安全文明施工标语、标志、标牌并张贴整齐，一目了然。

(2) 进入施工现场的所有人都必须按规定正确佩戴安全帽，施工作业层的外侧采用密目安全网封闭，高处作业的人员都必须按要求系安全带。

(3) 夏季施工安全措施：夏季气候炎热，主要做好防止中暑工作。采用多种形式，对职工进行防暑降温知识的宣传教育，使职工知道中暑症状，学会对中暑病人采取应急措施。合理调整作息时间，避开高温时段工作，严格控制工人加班加点。高处作业工人应适当缩短工作时间。

3.14　反滤排水设施维修养护施工工艺

3.14.1　适用范围

本工艺适用于水闸的上下游护坡反滤排水设施的维护。

3.14.2　施工准备

(1) 机械准备：气动冲击锤。

(2) 材料准备：PVC排水管、土工布、砂浆、砂石反滤料。

(3) 作业条件：风浪较小、闸门关闭。

3.14.3　操作工艺

3.14.3.1　工艺流程

拆除原排水设施 → 清理基础 → 排水设施修复 → 检查验收

3.14.3.2　施工操作要点

(1) 拆除原排水设施。

1) 在损坏、风化的排水管周边进行清理，拆除原块石与排水沟相连部位的砂浆勾缝，并凿松取出排水管。

2) 检查原反滤层是否完好，如出现砂石流失应将周边砌石一并拆除。

(2) 清理基础。

1) 反滤层较为完整的，拆除完成后，用人工凿除块石上固结的砂浆，使块石与排水管连接处干净、整洁。

2) 反滤层出现损失的，拆除周边块石后对原坡进行清理整平，清理原反滤层，并人工进行夯实，用人工凿除拆下块石和周边其他块石上固结的砂浆，使块石与排水管、块石与块石连接处干净、整洁。

（3）排水设施修复。

1）反滤层较为完整的，清理基础后，将符合原设计要求直径的 PVC 排水管埋设在砌石护坡内。

a. 埋设时，PVC 排水管应该向内下倾一定角度。

b. 管身不应变形、不应有裂缝，排水管不应高低起伏，以保证排水畅通。

c. 同时管端应包土工布，土工布应完全包裹住 PVC 排水管的管孔，用铁丝、束带等进行封口固定。

d. 排水管铺设完成后用砂浆封口，并对拆除部位的勾缝按原标准进行修复。

2）反滤层损失的，清理基础后，在地基表面按原设计进行铺设反滤层。

a. 反滤层铺设原则上由 2～4 层颗粒大小不同的砂、碎石或卵石等材料铺设而成，顺着水流的方向颗粒逐渐增大，任一层的颗粒都不允许穿过相邻较粗一层的孔隙，同一层的颗粒也不能产生相对移动。

b. 反滤层厚度、滤料的粒径、级配和含泥量等，均应符合原设计文件要求。

c. 填筑时，应使滤料处于湿润状态，以免颗粒分离，并防止杂物或不同规格的料物混入。

d. 反滤料铺筑应严格控制铺料厚度。

e. 反滤层铺设完成后，按原状进行浆砌块石铺设，铺设时按浆砌块石标准进行施工。

f. 反滤层施工参照《水闸施工规范》（SL 27—2014）第 10.8.1 条款。

g. 块石铺设完成后，按上述 1）方法中的 PVC 排水管铺设要求进行修复。

（4）排水设施的检查。护坡排水设施应经常检查，主要检查排水孔是否被人为堵塞、是否有孔口积土影响排水。尤其要注意在接近水面位置的排水设施是否通畅，常年不排水的应该检查排水孔内部是否堵塞、反滤层是否缺失。

3.14.4 质量标准

排水孔位置无杂物、积土，保证水孔通畅。

3.14.5 成品保护

排水设施完工后，及时将表面灰渣冲洗清理干净，防止人为踩踏，禁止堆放物品。及时对砂浆进行养护，一般养护期为 7d，养护期间表面保持湿润。

3.14.6 施工中应注意的质量问题

（1）工程开工前应做好施工方案，严格遵守国家现行的有关安全技术规程、文件，针对本工程特点，制定专项安全防护管理制度和措施，消除事故隐患。

（2）由于整个工序较为复杂，需要各个人员之间密切配合，现场施工人员应密切注意施工安全。

3.14.7 施工中应注意的安全问题

（1）现场材料堆放整齐有序，保证施工道路畅通。施工现场设置围墙隔离措施，确保行人安全。施工现场必须有醒目的安全文明施工标语、标志、标牌并张贴整齐，一目了然。

（2）进入施工现场的所有人都必须按规定佩戴安全帽。

（3）夏季施工安全措施：夏季施工气候炎热，高温时间持续较长，主要做好防止中暑工作。采用多种形式，对职工进行防暑降温知识的宣传教育，使职工了解中暑症状，学会对中暑病人采取应急措施。合理调整作息时间，避开中午高温时间工作，严格控制工人加班加点。高处作业工人的工作时间适当缩短。

第4章　泵　站　工　程

4.1　机电设备维修养护施工工艺

4.1.1　适用范围

本工艺适用于泵站工程机电设备维修养护，主要包括：主机组、输变电系统、操作设备、配电设备和避雷设施维修养护。

4.1.2　施工准备

（1）机械准备：移动龙门架1组，电动葫芦2组，小型运输车1辆，叉车1辆，检测仪器、拆装工具等全套。

（2）材料准备：电器材料，管材备件，各种更换件，油料（汽油、机油、柴油和黄油等）。

（3）作业条件：非汛期温度适宜时进行常规的维修养护，确保现场用电安全。

4.1.3　操作工艺

4.1.3.1　工艺流程

施工准备 → 关闸排水 → 清理除污 → 拆机检测 → 维修吊装换件 → 电器设备检修 → 清理、注油、防腐 → 调平紧固 → 检查验收

4.1.3.2　施工操作要点

（1）养护。

1）检查主机组轴承油质、油量和油环，更换润滑油。

2）检查处理电动机引线的连接情况和绝缘包扎情况。

3）检查处理各部位接地线。

4）检查清理滑环、换向器和制动器等，调整紧固连接件。

5）测量定、转子线圈及电缆线路的绝缘电阻，如果阻值低于设计要求，要进行干燥处理。

6）检查轴承、叶轮旋转情况，检查叶轮气蚀情况，检查管道过水及密封情况。

7）检查配电设备和输变电系统，清扫控制屏柜，保证所有输变电系统、操作设备和避雷设施等装置正常运行。

（2）检修。

1）包括养护项目。

2）拆机时轻吊轻放，顺序放置，并进行干燥处理。

3）检查底座、轴承、叶轮、法兰、管道及连接件，更换轴承、叶轮、风叶、罩壳、管件、密封等损坏件，确保所有组件完好无损。

4）检测电机，检查定子线圈和槽楔的绝缘是否松动，铁芯是否松动变色，与转子是否磨损，必要时进行刷漆、干燥、焊接、绑扎等绝缘处理。

5）清理、清洗拆开的所有零部件，并进行修复、更换、干燥、防腐、油漆处理。

6）拆换维修配电设备和输变电系统，清理维护控制屏柜，检修输变电系统、操作设备和避雷设施等装置，确保其正常运行。

7）按顺序调运组装各部件，依照技术要求进行紧固处理，确保机组轴承的水平与竖直。

4.1.3.3　技术要求

（1）对竖直线度、平行度和同轴度测量采用重锤水平拉钢丝法，钢丝直径为 0.35～0.5mm，同时两端应用滑轮支撑在同一标高面上。

（2）清理设备表面及支承基础面，待清理完毕后，利用电动葫芦及临时支架将底座吊运到预埋位置进行就位调整固定，并且将预埋螺栓放入预留孔内，调整完毕后，按照技术文件和技术图纸要求，将拉紧器、支撑等固定件与土建预留铁构件紧固牢固，不得出现倾斜度。

（3）埋入部件各组合面应涂密封胶，固定结合面组装后，应用 0.05mm 塞尺检查，插入深度应小于 20mm，移动长度应小于检验长度的 1/10（在螺栓拧紧前），组合缝处的安装面应无错牙。

（4）密封圈制作时对应位置应开燕尾口对接，增加接触面和连接强度。

（5）底座的纵向和横向安装水平偏差均不应大于 1/1000，并在水平中分面上进行测量。

（6）墙管如果堵漏，在水泵安装之前，利用足够的空间进行出水墙管预埋与二次灌浆。

（7）泵体维修安装。

1）吊装前必须按技术图纸安装，熟记泵体部件安装顺序（与拆除顺序相反）。

2）应设置足够的照明设备（由于空间狭小，设备吊装时应注意目标保护，防止事故发生；配备排风扇和驱虫剂，减少虫咬虫叮）。

3）必须注意防止高空坠落，防止物体打击。

4）吊运工件时，应注意被吊工作物的重量及使用钢丝绳（千斤绳）的允许荷载力，并向吊机指挥人员说明吊运的目的地，并事先清理目的地周围的障碍物。

5）吊装工作就位时，应注意安装人员的手和脚，要做到稳、准。

6）高空安装工件时，要戴好安全带、扣好保险扣，工作高空就位后要有临时固定措施。各类工具、材料、配件应采取防止高处坠落的安全措施。

7）使用各类移动电具（如电钻、电扳车、手提砂轮等）的电源插头必须插入有二级漏电保护的插座内。

8）铁器构件安装中的电焊、气割工作，应由有证的焊工进行，应有符合现场动火审批手续，应有专职人员进行现场消防监护。

9）使用前，应检查手柄牢固状况，敲头时不准戴手套。

10）使用油泵千斤顶要注意压力负荷，要垫平放直。

11）使用撬棒要注意放稳，看准力的支点，防止滑脱、弹击伤人，多人操作时要注意齐心协调。

（8）管道安装。

1）管道维修前，先了解和确定标高、位置、坡度、管径等，按图纸要求的几何尺寸制作并埋好支架或挖好地沟。标高允差为15mm；立管垂直允差为0.2%，且最大不超过15mm；水平管弯曲允差为0.15%，且最大不超过20mm。

2）对于暗管，埋设前应先组装后固定，同时清除内部异物，保证管路畅通。注意如需电焊固定，不得烧伤管道内壁。

3）法兰管道安装时应对密封垫及法兰面进行检查，不得有影响密封性能的缺陷存在；其水平偏差不得大于法兰外径的1.5‰且不大于2mm，不得通过拧紧斜向螺栓来消除误差。管道、法兰中心应与管道轴线平行，每个对接口所用的连接件规格应相同，螺栓安装方向一致，无严重卡阻，螺栓、垫层及螺帽上应涂上油脂或石墨粉。紧固螺栓，应对称均匀用力，与法兰面紧贴，没有楔缝，螺栓必须露出螺帽，露出长度一般为0.5倍螺栓直径。

4）管路附件安装时，应严格按照图纸要求，定位、定量准确。

5）按照设计图纸与施工规范的要求严格做好管路的防腐、保温工作。

6）阀门应在关闭状态下，按正确方向安装紧固、严密，阀焊应与管道中心线垂直，阀门安装后，其压盖螺栓应留有足够的调整余量。

7）阀门的传动装置和操作机构应进行调整；开度指示准确，限位开关动作正确、及时。

（9）管道支架、吊架安装。

1）管道安装时，应同时进行支、吊架固定和调整，支、吊架位置合适，安装平整牢固，与管道接触良好。管道法兰接口至支、吊架距离不得小于100mm。

2）吊架应垂直安装，弹簧吊架的弹簧安装高度，应按设计要求调整，并做好记录。

3）固定支架按设计要求设置，支架的尺寸和数量要与管道的直径、长度相配。

4）滑动支架的滑动面应清洁平整，不应有歪斜，卡涩现象，滑托与槽间应留有3～5mm间隙，并留有适当的偏移量。

5）水平方向安装的喇叭口、管件，应在其底部砌墩支撑，支撑必须牢固可靠。

（10）电机维修。检查电动机引线是否紧固，接触良好，发现问题应及时处理。

1）检查电机内部应没有灰尘、油垢等杂物，若有杂物应用干燥的压缩空气吹净，也可用吹风机或手风箱（皮老虎）等吹净。清扫时注意不要碰伤绕组。

2）检查所有部件：转轴必须转动灵活自如，紧固件必须牢固可靠，接地保护装置必须可靠，传动装置应达到传动要求；控制系统、保护、信号、冷却、通风等设施良好，没有异常噪声、强烈振动、轴承温度超过限度等。

（11）低压电器设备维修。

1）低压电器安装必须按照图纸要求的规定安装，部件完整，瓷件应清洁，不应有裂缝和伤痕，制动部分动作灵活，准确，电架与支架应接触紧密。

2）部件完整，瓷件应整洁，不应有裂缝和伤痕，制动部分动作灵活，准确；低压电器的安装应与配线工作密切配合。

（12）配电箱（柜）维修与安装。

1）各类配电箱安装必须位置正确、牢固，接地可靠，导线连接包扎紧密不伤线，压线头压紧，并加设接线端子标号。

2）电缆线路敷设应平直，电缆抱箍间距相等，符合要求。

3）电控箱（柜）维修、安装要求：

a. 电控箱（柜）就位、接地等参照高压开关柜安装有关要求。

b. 各电缆应挂设编号及走向标牌。

c. 电控箱（柜）内各电气连接，熔断器等做好检查复核。

d. 接线端子排上连接牢靠，走线整齐，并做好包扎固定。

e. 信号、控制电缆接线时应按图进行反复核对，并加设端子标号以免差错。

（13）接地处理。

1）接地线敷设时，应先将固定钩固定，穿墙应有保护管。垂直接地桩长度为2.5m，水平间距（桩与桩）按图纸布置。

2）接地线在电气连接时应采用焊接，搭接的长度须不小于宽度的两倍。

3）电气设备与接地线的连接分两种，需要移动的设备宜采用螺丝和金属带连接，电气设备装在金属架上。

4）所有电气设备都需单独埋设接地分支线，不可将电线设备串联接地。

5）接地线应按规范要求涂刷防腐漆，焊接部分应作防腐处理，接地体埋设深度不小于0.7m。

6）技术质量保证措施：观察检查，用接地电阻测试仪测量；电气装置的每个接地部分的二次接地线应单独与接地干线相连接，不得在一个接地线中串联几个需接地部分；明敷接地线的安装应便于检查，敷设位置不应妨碍设备的拆卸与检修。

（14）电缆接线处理。

1）电缆终端和接头的制作，应由经过培训的熟悉工艺的电工进行，并严格遵守制作工艺规程。

2）制作6kV及以上电缆终端与接头时，其空气相对湿度宜为70%及以下；当湿度大时，可提高环境温度或加热电缆。在室内施工现场应备有消防器材。室内施工应有临时电源。

3）35kV及以下电缆终端与接头应符合下列要求：型式、规格应与电缆类型如电压、芯数、截面、护层结构和环境要求一致。所用材料、部件应符合技术要求。

4）采用的附加绝缘材料除电气性能应满足要求外，尚应与电缆本体绝缘具有相容性。两种材料的硬度、膨胀系数、抗张强度和断裂伸长率等物理性能指标应接近。橡塑绝缘电缆应采用弹性大、黏结性能好的材料作为附加绝缘。

5）电缆线芯连接金具，应采用符合标准的连接管和接线端子，其内径应与电缆线芯紧密配合，间隙不应过大；截面宜为线芯截面的1.2～1.5倍。采用压接时，压接钳和模具应符合规格要求。

6）控制电缆在下列情况下可有接头，但必须连接牢固，并不应受到机械拉力：①当敷设的长度超过其制造长度时；②必须延长已敷设竣工的控制电缆时；③当消除使用中的电缆故障时。

7）制作电缆终端和接头前，应熟悉安装工艺，做好检查，并符合下列要求：

a. 电缆绝缘状况良好，无受潮；塑料电缆内不得进水；做电气性能试验，并应符合标准。

b. 附件规格应与电缆一致，零部件应齐全无损伤，绝缘材料不得受潮，密封材料不得失效。壳体结构附件应预先组装，清洁内壁；试验密封，结构尺寸符合要求。

c. 施工用机具齐全，便于操作，状况清洁，消耗材料齐备。清洁塑料绝缘表面的溶剂宜遵循工艺导则准备。且必要时应进行试装配。

8）电力电缆接地线应采用铜绞线或镀锡铜编织线。

4.1.4 质量标准

（1）安装完毕后必须按照规定进行检测试验。按规范《电气设备交接试验标准》（GB 50150—91）做好各类电气测试与试验，各测试结果必须符合要求。

1）主泵机组维修安装完毕，底座管件均按照顺序安装紧固到位，无遗漏松动现象。

2）机组供水、润滑系统装调试结果符合要求。

3）进、出水流道、拍门检查清理完毕，无异物遗留。

4）机组对应的清污机、闸门、启闭机安装调试，检测数值符合设计要求。

5）电动机组电气、配电设备、控制系统及避雷设施检查试验结束，各项检测数值符合设计要求，具备送电条件。

（2）检测试验完毕后必须按照技术规范标准进行试运行。

1）水泵试运行中须测量主水泵的各运行参数，各项参数指标须满足合同文件的技术要求、制造厂的技术文件规定，并做好记录。

2）水泵的滚动轴承温升符合设备技术文件的规定。

3）油的温升应正常，油位应保持在规定的刻度范围内，并不得有漏油现象。

4）单机试运行时间符合技术文件的规定。

5）停止试运行时，应按设备技术文件的规定关闭有关的阀门，各项状态符合要求。

6）水泵的进水位降低到规定的最低水位以下时，水泵应立即停止运转。

（3）电缆维护主要性能应符合现行国家标准《额定电压 26/35kV 及以下电力电缆附件基本性能要求》的规定。

（4）电缆终端与电气装置的连接，应符合现行国家标准《电气装置安装工程母线装置施工及验收规范》（GB 50149—2010）的有关规定。

（5）变压器检测与试运行符合规范要求，自身保护装置做到接地可靠，接地电阻符合规范要求（$r \leqslant 4\omega$）。

4.1.5 成品保护

（1）机组解体时，必须对所有螺丝、配件垫铁等零件妥善保存，并做好标记，以便在装配和找正时归原位。

（2）滑环及整流子等重要部件须包上厚纸防止碰伤。

（3）对易毁件和易潮件需采取措施保护好，做到密封和防爆处理。

（4）做好防电、防火处理，专人看护用电安全。

4.1.6　施工中应注意的质量问题

（1）绕组的绝缘电阻值汛前应进行检测，小于 0.5MΩ 时，应进行干燥处理，如绕组绝缘老化，应视老化程度，采用刷（浸）绝缘漆或更换绕组进行处理。

（2）各种仪表（电流表、电压表、功率表等）应于每年汛前进行检验，保证指示正确灵敏，如发现失灵，应及时检修或更换。

（3）避雷针（线、带）及引下线如锈蚀量超过截面 30%以上时，应予更换；防雷接地引下线的防腐涂层局部破损，应及时修补；接地电阻值超过设计允许值的 20%时，应补充接地板；防雷设施应按照气象部门有关规定在每年汛前集中进行校验 1 次。

（4）装配按拆卸的相反顺序进行。

4.1.7　施工中应注意的安全问题

（1）移动电具（如冲击钻、手提钻、潜水泵等），使用前应进行检查，并采取保护性接地或者接零措施，并应装有漏电保护开关。

（2）定期进行电气线路的检查和维修。

（3）非专业人员，不得擅自接线拉电。

（4）开关柜和变压器等处应加设安全门和防护网及警告标志。

4.2　辅助设备维修养护施工工艺

4.2.1　适用范围

本工艺适用于泵站工程辅助设备维修养护，主要包括：油气水系统、拍门、拦污栅、起重设备等维修养护施工。

4.2.2　施工准备

（1）机械准备：电动葫芦 1 组，小型运输车 1 辆，检测仪器、拆装工具等全套。

（2）材料准备：电器材料，各种更换件，油料（汽油、机油、柴油和黄油等）。

（3）作业条件：气候干燥温度适宜时进行常规的养护工作，维修工作汛前、汛后各 1 次；确保现场用电安全。

4.2.3　操作工艺

4.2.3.1　工艺流程

施工准备 → 关闸排水 → 清理除污 → 拆机检测 → 电器设备检修 → 维修吊装换件 → 检测试车

4.2.3.2　施工操作要点

（1）维修养护（不需要拆机大修）。

1）检查处理油气水系统中的机电设备和安全装置。

2）吊起拦污栅进行除污工作。

3）检查拍门运行及密封情况。

4）检查起重机运行情况。

（2）维修养护（需要零件大修）。

1）包括养护项目，需要拆机大修。

2）按照规程检测起重设备，所有连接件进行紧固处理。

3）检测起重电机，必要时进行更换处理。

4）降低压力池水位，检查拍门及连接件，更换损坏止水及配件，确保所有组件完好无损。

5）吊起拦污栅进行清污除锈，并进行防腐处理。

4.2.4 质量标准

（1）起重设备维修。

1）起重机试运行中须测量电机运行参数，并做好记录。各项参数指标须满足合同文件的技术要求、制造厂的技术文件规定。

2）负荷试验、静负荷试验：用1.25倍额定负荷起吊距离地面100mm，停留12min，反复进行4次，同时测控滑动主梁的机械应变情况。静负荷试验：用1.1倍额定负荷反复起吊多次，检验吊钩起吊上、下限位；前、后开动多次，检验制动、点动、车挡情况及平衡性能。

（2）清理拍门及拦污栅表面及支承基础面，待清理完毕后，调整完毕后，进行除污防腐处理。

（3）密封止水制作时对应拍门与接口对接，增加接触面和连接强度。

（4）所有维修更换部件配件必须符合设计要求，达到国家强制质量标准，经严格测试后方可使用。

4.2.5 成品保护

（1）起重设备及拍门拦污栅等拆除时，必须对所有螺丝、配件垫铁等零件妥善保存，并做好标记，以便在装配和找正时归原位。

（2）电机等重要部件须包上厚纸防止碰伤。

（3）对易毁件和易潮件需采取措施保护好，做好密封和防爆处理。

（4）做好防电、防火处理，专人看护用电安全。

4.2.6 施工中应注意的质量问题

（1）维护时应对设备重要部件做好保护，防止碰伤。

（2）维护时不需确保所有连接件紧固、无松动。

（3）更换部件必须符合设计要求和国家强制标准。

4.2.7 施工中应注意的安全问题

（1）维修养护前需切断主电源，拆掉电源引接线。

（2）装配按拆卸的相反顺序进行。

（3）移动电动工具使用前应进行检查，并采取保护性接地或者接零线措施，并应装有漏电保护开关。

（4）定期进行电气线路的检查和维修。

（5）非专业人员，不得擅自接线拉电。

（6）设备安装完毕后，应检查熔断器、自动开关是否完好，设备外壳是否可靠接地。

（7）控制柜应加设警告标志。

4.3　进出水池清淤施工工艺

4.3.1　适用范围

本工艺适用于泵站进出水池清淤。

4.3.2　施工准备

机械准备：高效无堵塞液下泵、泥斗车、小货车、手推车、配电箱、作业灯、吊车。

4.3.3　操作工艺

4.3.3.1　工艺流程

施工准备 → 现场摸查 → 关闭上、下游闸门 → 泵站抽水 → 清淤作业 → 清洗作业现场 → 检查验收

4.3.3.2　施工操作要点

（1）进场前先对进出水池的位置、淤积量进行摸查。确定进出水池概况后，关闭上下游闸门，并通知泵站相关人员抽水，便于清淤作业。在正式停水清淤前，须确保泵站闸门能正常启闭。在作业人员进场作业前，泵站先做好抽水工作，在尽可能降低水位后，如泵站水泵未能将池内污水抽干，将满足现场需求的高效无堵塞液下泵对剩余的污水继续抽吸，以确保水位能降到作业允许高度以下。

（2）作业人员入池后应由里到外对进出水池进行清淤，从出泥口最远处开始清掏，将淤泥拨进手推车内，然后推至出泥口下方，用事先准备好的网布收集，利用吊机将打好包的淤泥起吊，在起吊时吊物下方不可站人。

（3）吊机将用网布收集的淤泥起吊出水池后，即转卸于泥斗车上，装满一车立即外运至泥场，应准备2辆泥斗车供装卸淤泥之用。

（4）为保证池下作业人员的安全，池下作业人员在每工作一段时间（一般1h为宜）后须返回地面休息。

（5）作业完成后监护人员应逐一清点作业人数，保证池下作业人员均安全返回地面。

（6）清淤完成后，清扫现场。

4.3.4　质量标准

水池表面无明显淤泥。

4.3.5　施工中应注意的质量问题

（1）尽量避免淤泥清除不彻底等问题。

（2）施工中做好防护，避免造成污染周边环境，清淤结束后，应对现场进行彻底清扫。

4.3.6　施工中应注意的安全问题

（1）应为池内作业人员配备与井上人员联系的通信设备如无线电对讲机等。

（2）入池作业人员须佩戴安全帽，高空作业必须绑好安全带。

（3）安排好池上监护人员，同时要在一定监控距离进行安全观察监控。
（4）起吊淤泥时，吊物下严禁站人。
（5）作业完成后，监护人员必须逐一清点物料工具。

第5章 管理设施

5.1 管理房屋面防水维修施工工艺

5.1.1 适用范围

本工艺适用于堤防管护基地管理房、护堤房（兼作防汛哨所）、控导工程、水闸、泵站工程附属设施的管理房及启闭机房的维修养护。

5.1.2 施工准备

（1）机具准备：沥青专用锅、燃料（煤）、油桶、油壶、笊篱（漏勺）、铁锹、刮板、棕刷、温度计（350～400℃）、灭火器等。

（2）材料准备：沥青油毡卷材品种、标号、质量、技术性能，必须符合施工技术规范的要求。

（3）作业条件：

1）屋面施工选择防水工程专业队伍。

2）做好材料、工具和设施的准备。

5.1.3 用操作工艺

5.1.3.1 工艺流程

沥青油毡卷材屋面防水层施工流程如下：

施工准备 → 清理基层 → 沥青熬制配料 → 喷刷冷底子油 → 铺贴油毡 → 搭接缝密封处理 → 检查验收

5.1.3.2 施工操作要点

（1）清理基层：防水屋面施工前，将基层表面的尘土、杂物清扫干净。

（2）沥青熬制配料：先将沥青破成碎块，放入沥青锅中逐渐均匀加热，加热过程中随时搅拌，熔化后用笊篱（漏勺）及时捞清杂物，熬至脱水无泡沫。

（3）喷刷冷底子油：沥青油毡卷材防水屋面在粘贴卷材前，应将基层表面清理干净，喷刷冷底子油要求喷刷均匀无漏底，干燥后方可铺粘卷材。

（4）铺贴油毡：施工前先将卷材打湿铺在基层上弹线定位。卷材长边搭接7cm，短边搭接10cm；铺贴要保持松弛态，不宜拉紧，铺贴时应用压辊由卷材中央向两端压实，赶出气泡，避免空鼓、皱折。

（5）搭接缝密封处理：待大幅卷材铺贴后，对压实粘牢的接缝处，也可再用密封膏进行封口处理，以确保严实。

（6）检查验收：屋面防水卷材施工完毕后，应认真检查接缝和各节点部位的粘贴密封质量，以保证防水层整体质量严密，不渗水。

5.1.4 质量标准

（1）油毡卷材和胶结材料的品种、标号，必须符合设计要求和《屋面工程技术规范》（GB 50345—2012）的规定。

（2）屋面油毡卷材防水层，严禁有渗漏现象。

5.1.5 成品保护

（1）施工过程中运送材料应防止损坏已做好的防水层。

（2）屋面施工中应及时清理杂物，不得有杂物堵塞水落口、斜沟等。

5.1.6 施工中应注意的质量问题

（1）屋面积水：有泛水的屋面、檐沟，因泛水过小不平顺，基层应按原设计或规定做好泛水；油毡卷材铺贴后，屋面坡度、平整度应符合《屋面工程技术规范》（GB 50345—2012）的要求。

（2）屋面渗漏：屋面防水层铺贴质量有缺陷，或防水层铺贴中及铺贴后成品保护不好，损坏防水层，应采取措施加强保护。

（3）防水层空鼓：基层未干燥，铺贴压实不均，窝住空气；控制基层含水率，操作时注意压实，排出空气。

5.1.7 施工中应注意的安全问题

（1）施工作业人员必须穿戴防护用品（口罩、工作服、工作鞋、手套、安全帽等），不得违章作业。

（2）材料堆放处及作业区必须配备消防器材。

5.2 管理房门窗维护施工工艺

5.2.1 适用范围

本工艺适用于堤防管护基地管理房、护堤房（兼作防汛哨所）、控导工程、水闸、泵站工程附属设施的管理房及启闭机房的维修养护。

5.2.2 施工准备

（1）机具准备：铝合金切割机、手电钻、十字螺丝刀、钢尺、锤子等。

（2）材料准备：铝合金门窗、密封条规格、型号应符合要求，胶粘剂应与密封条的材质相匹配。

（3）作业条件：

1）检查门窗洞口尺寸是否符合要求，如有影响门窗安装的问题应及时处理。

2）做好材料、工具和设施的准备。

5.2.3 操作工艺

5.2.3.1 工艺流程

铝合金门窗安装流程如下：

施工准备→画线定位→防腐处理→就位和临时固定→与墙体固定→处理门窗框与墙体缝隙→检查验收

5.2.3.2　施工操作要点

（1）施工准备：检查门窗洞口尺寸是否符合要求，如有影响门窗安装的问题应及时处理。

（2）画线定位：用大线坠找出门窗口边线，并在门窗口处画线标记，对个别不直的口边应剔凿处理。

（3）防腐处理：门窗框两侧可涂刷防腐材料，如橡胶型防腐涂料或聚丙烯树脂保护装饰膜，也可粘贴塑料薄膜进行保护，避免填缝水泥砂浆直接与铝合金门窗表面接触，产生电化学反应，腐蚀铝合金门窗。

（4）就位和临时固定：根据已放好的安装位置线安装，并将其吊正找直，无问题后方可用木楔临时固定。

（5）与墙体固定：门窗框与墙体的连接固定采用膨胀螺栓固定。当门窗与墙体固定时，应先固定上框，后固定边框。

（6）处理门窗框与墙体缝隙：铝合金门窗固定好后，应及时处理门窗框与墙体缝隙。门窗框与洞口之间的伸缩缝内腔应采用闭孔泡沫塑料、发泡聚苯乙烯等弹性材料分层填塞。之后去掉临时固定用的木楔，其空隙用相同材料填塞。

（7）检查验收：检查铝合金门窗的安装位置、开启方向、连接方式是否符合要求。

5.2.4　质量标准

（1）铝合金门窗的品种、规格、尺寸、性能、开启方向、安装位置、连接方式及壁厚应符合设计要求，其防腐处理及填嵌，密封处理应符合设计要求。

（2）铝合金窗框与副框的安装必须牢固，埋件的数量、位置、埋设方式，以及框的连接应符合设计要求。

5.2.5　成品保护

（1）门窗安装后应及时将门框两侧用木板条捆绑好，防止碰撞损坏。

（2）铝合金门窗在堵缝前，水泥砂浆接触面应涂刷防腐剂进行防腐处理。

（3）铝合金门窗的保护膜应在交工前撕去，要轻撕，且不可用开刀铲，防止将表面划伤，影响美观。

（4）铝合金门窗表面如有胶状物时，应使用棉丝沾专用溶剂擦拭干净，如发现局部划痕，可用小毛刷沾染色液进行涂染。

5.2.6　施工中应注意的质量问题

（1）铝合金门窗采用多组组合时，应注意拼装质量，接缝应平整，拼樘框扇不劈棱、不窜角。

（2）面层污染咬色：施工时不注意成品保护，未及时进行清理。

（3）表面划痕：应严防用硬物清理铝合金表面的污物。

5.2.7　施工中应注意的安全问题

（1）手电钻等电动工具，应安装漏电保护器，以确保安全。

（2）施工现场未经批准不得动用明火。

5.3 管理房墙面涂刷维护施工工艺

5.3.1 适用范围

本工艺适用于堤防管护基地管理房、护堤屋（兼作防汛哨所）、控导工程、水闸、泵站工程附属设施的管理房及启闭机房的抹灰表面施涂乳液薄涂料维修养护。

5.3.2 施工准备

（1）机具准备：脚手架、笤帚、砂纸、擦布、拌和桶、刷子、滚子若干。

（2）材料准备：乙酸乙烯乳胶漆涂料。

（3）作业条件：

1）做好材料、工具和设施的准备。

2）墙面应基本干燥，基层含水率不得大于10%。

3）避免雨淋，预报有雨时停止施工。

5.3.3 操作工艺

5.3.3.1 工艺流程

墙面粉刷（涂料）工艺流程：

施工准备 → 基层处理 → 修补腻子 → 施涂第一遍乳液薄涂料 → 施涂第二遍乳液薄涂料 → 施涂第三遍乳液薄涂料 → 检查验收

5.3.3.2 施工操作要点

（1）施工准备：施涂前应首先清理好周围环境，防止尘土飞扬，影响涂料质量。

（2）基层处理：首先将墙面等基层上起皮、松动及鼓包等清除凿平，将残留在基层表面上的灰尘、污垢、溅沫和砂浆流痕等杂物清除扫净，并用水石膏将墙面等基层上磕碰的坑凹、缝隙等分遍找平并用布将墙面粉尘擦净。

（3）修补腻子：用水石膏将墙面等基层上磕碰的坑凹、缝隙等分遍找平，干燥后用1号砂纸将凸出处磨平，并将浮尘等扫净。

（4）施涂第一遍乳液薄涂料：乳液薄涂料使用前应搅拌均匀，适当加水稀释，防止头遍涂料施涂不开。施涂顺序是先上后下。

（5）施涂第二遍乳液薄涂料：操作要求同第一遍，使用前要充分搅拌，如不很稠，不宜加水或尽量少加水，以防露底。

（6）施涂第三遍乳液薄涂料：操作要求同第二遍乳液薄涂料。由于乳胶漆膜干燥较快，应连续迅速操作，涂刷时从一头开始，逐渐涂刷向另一头，要注意上下顺刷互相衔接，避免出现干燥后再处理接头。

5.3.4 质量标准

（1）涂料等级和品种、颜色应符合要求和有关标准的规定。

（2）表面平整、颜色一致，花纹、色点大小均匀，无明显接槎，无漏涂、透底和流坠。

5.3.5 成品保护

涂料干燥前要妥善保护，应防止雨淋、不得磕碰污染墙面。

5.3.6　施工中应注意的质量问题

（1）涂料基体含水率：施涂水性和乳液薄涂料时，涂料基体表面含水率不得大于10%。

（2）透底：产生的主要原因是漆膜薄，因此刷涂料时除应注意不漏刷外，还应保持涂料的稠度，不可加水过多。

（3）接槎明显：涂刷时要上下顺刷，后一排紧接前一排，若间隔时间稍长，就容易看出接头，因此大面积施涂时，应配足人员，互相衔接好。

5.3.7　施工中应注意的安全问题

（1）施工前应检查脚手架、架板是否搭设牢固，确认安全可靠后方可开始操作。

（2）禁止穿拖鞋、底面光滑的鞋及高跟鞋在脚手架上工作。

（3）向现场全部人员进行安全教育，并配备必要的防护用品。

（4）严禁酒后进场施工，正确佩戴安全防护用品，杜绝违章作业。

第6章　专　项　工　程

6.1　多头小直径搅拌桩堤防截渗工程施工工艺

6.1.1　适用范围

本工艺适用于可能存在堤身不稳、渗漏、绕渗和翻砂鼓水等险情存在的堤段。

6.1.2　施工准备

（1）机械准备：每台搅拌桩机的机械组合为搅拌桩机（主机）、发电机（没有外部电源时使用）、搅拌罐（一级搅拌）、送浆罐（二级搅拌，使浆液不至于沉淀）、潜水泵、电焊机等，具体见表6.1-1。

表6.1-1　搅拌桩机机械组合表

名　称	型　号	单位	数量	功率/(kW/台)	备注
搅拌桩机	BJS-15B	台	1	45	
搅拌罐		台	1	2.2	
送浆罐		台	1	2.2	
电焊机	W1-4	台	1	14.5	
潜水泵		台	1	2.2	
泥浆泵	Y123M-8	台	1	3	
发电机		台	1	75	
吊车	QY16	台	1	170	

（2）材料准备：42.5普通硅酸盐水泥。

6.1.3　操作工艺

6.1.3.1　工艺流程

施工准备→试验→测量放样→截渗墙施工→检查验收

6.1.3.2　施工操作要点

（1）施工准备。

1）施工前根据施工图纸，选择所需的水泥品种，并在每批水泥进场前对水泥的品质进行检查复验，每批水泥发货时均应附有出厂合格证和复检资料。当发现库存或到货水泥不符合技术要求时，须停止使用。

水泥运输过程中应注意其品种和标号不能混杂。到货的水泥按不同品种、标号、出厂批号、袋装或散装以及是否经复验等，分别贮放在专用的仓库或储罐中，要采取有效措施防止水泥受潮，防止因储存不当引起水泥变质。水泥在工地的储存期不应超过3个月。

2）钻具选型。根据设计要求和地质条件进行钻具的选型，本地堤段一般选用十字形钻头施工，其最下端齐平。根据以往施工经验知道，用这种钻头成墙，水泥和土搅拌均匀，墙底与原状土结合较好。钻具形式见图 6.1-1。

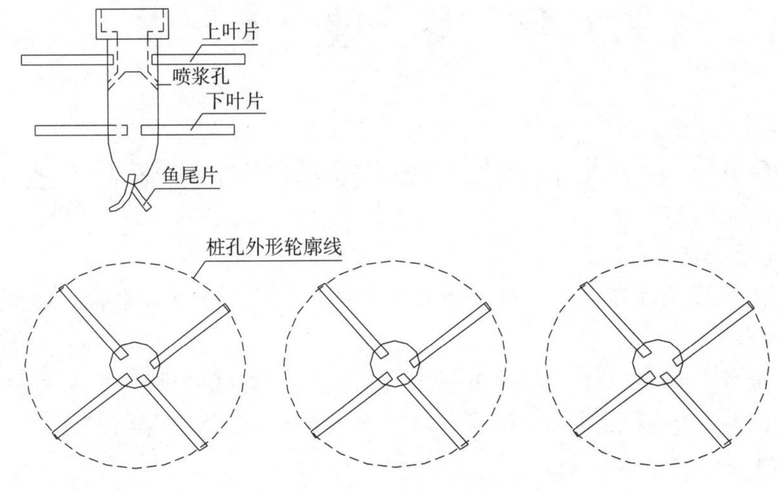

图 6.1-1　钻具形式

（2）试验。

1）水泥掺入比试验：可根据地质报告反映的土层性质、土中孔隙率、土层含水量以及设计要求水泥掺入比、抗压强度、抗渗系数等初步确定，然后再根据现场施工情况进行试验确定。

a. 试料土制备。试料土制备时应除去土中所夹有的贝壳、树枝、草根等杂物；当采用湿法进行配合比设计时，应采取措施，保证土料的天然含水量。

b. 水泥用量。水泥用量应按施工图设计文件要求取中值、+5kg/m 和-5kg/m 三个水泥用量进行试验，地质情况较复杂时，可在此基础上适当增加+10kg/m、-10kg/m 等水泥用量的试验；采用外掺剂时，根据设计文件要求，选择外掺剂的种类和掺入量。根据室内配合比试验结果确定实际施工时水泥用量以及外掺剂的品种和掺入量。

c. 试件的制作及养护。试料土必须与水泥、外掺剂充分搅拌均匀，每个试件所需的试料土、水泥、外掺剂的质量必须按拟定的配合比事先用天平称量，并控制试件达到一定的密度；试件的制模尺寸应为 70.7mm×70.7mm×70.7mm 的立方体。试件可在振动台上振实，也可人工捣实。每个制成的试样应带模称取质量，同一类型试件质量误差不得大于 0.5%；应将制作好的试件带模放入保湿箱内进行养护（如脱模养护，必须等试块完全成型后，方能脱模）；试件养护温度应为（20±3）℃，湿度应为 75%；试件养护龄期宜为 7d、28d、90d。

d. 试件强度测定。试件强度严格按《软土地基深层搅拌桩加固法技术规程》（YBJ 225—91）进行测定，每组试件必须有三个以上平行试验。水泥土的强度以 28d 试块强度为准，一般要求 $R28 \geqslant 0.8$MPa，$R90 \geqslant 1.2$MPa，具体数值应以施工图设计文件为准。

2）现场成墙试验。在搅拌桩截渗墙施工作业开始前，按配合比试验选定的配合比以及施工图纸的要求，在选择好的试验段内进行现场注浆成墙试验，以选定浆液的配比、输浆的工作压力、输浆量和与之相应的允许电流参数。

试验结束后，钻取芯墙进行固结体的均匀性、整体性、强度和渗透性等试验，并提交试验成果报告。

(3) 测量放样。

1) 大面积施工前将平整场地，清除一切障碍。

2) 为保证孔口机架平台能置于稳固的地基上以及桩位的准确度，拟采用经纬仪沿轴线每50m放一控制点，同时，为了更好的检测桩位，安排各机组将控制点加密，加密控制点间距不大于7.0m，严格按操作规程中的要求放移位基准线，搅拌桩的垂直度偏差不得超过1.0%，桩位偏差不得大于5cm，严禁出现掉桩事件。

3) 按设计截渗墙轴线方向挖一条宽200～250mm、深200～250mm的方沟，避免浆液外溢，保证施工场地清洁，而且有利于放样桩位控制。

4) 为使桩垂直于地面，每根桩施工前均须对桩机进行调平，采用垂直调整仪监控调整，确保垂直偏差不大于1.0%。

(4) 截渗墙施工。

1) 多头小直径搅拌桩机就位、调平，搅拌桩的垂直度偏差不得超过1.0%，桩位偏差不得大于5cm。

2) 启动喷浆泵喷浆。

3) 随即启动主机，钻杆开始边喷浆边钻进，下钻时速度一般控制在0.5m/min左右。

4) 当钻进到设计深度后，重复喷浆搅拌提升到地面，提升时速度一般控制在0.9～1.0m/min，到达桩底深度和到达桩顶时，都须喷浆搅拌10s左右，以保证桩底结合密切，桩头均匀密实。再重复2)、3)、4)项动作完成二次复搅，第一序桩完成。

5) 主机上机架第一次纵移至第二序桩位，调平。

6) 重复2)、3)、4)项动作，第二序桩完成。

7) 主机整体沿预定的方向移动，开始重复1)～7)项动作完成第二单元墙体，如此连续作业，直至工程完成。多头小直径深层搅拌桩墙体形状示意图见图6.1-2，成墙示意图见图6.1-3。

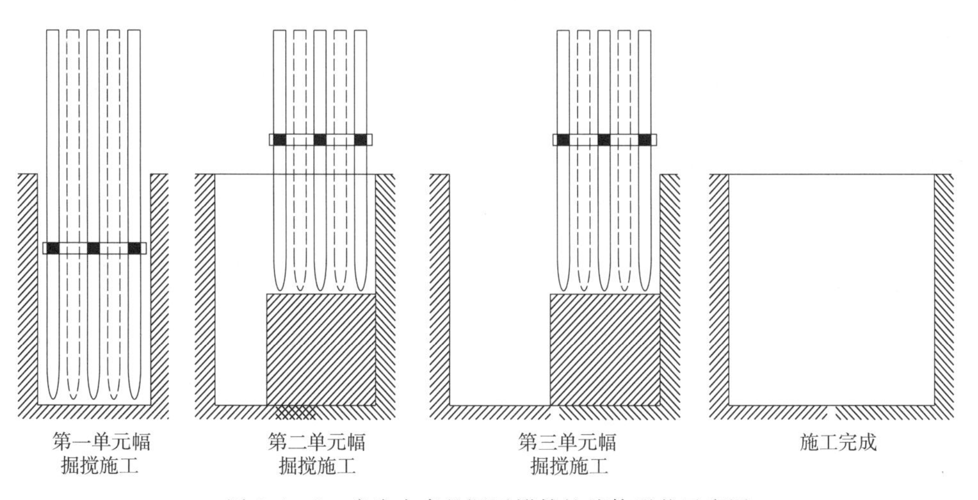

图6.1-2 多头小直径深层搅拌桩墙体形状示意图

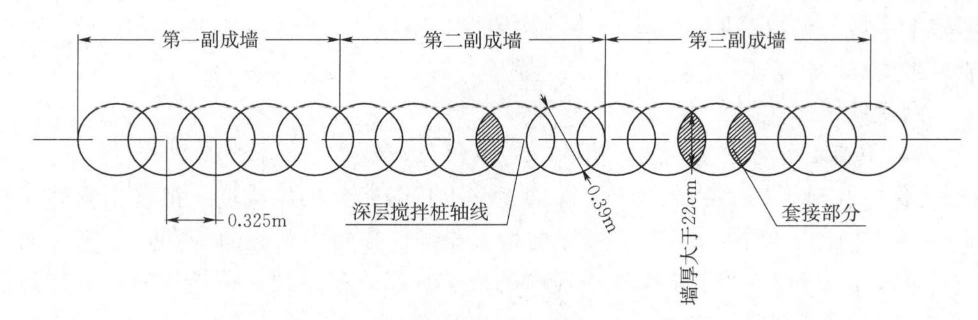

图6.1-3 多头小直径成墙示意图

搅拌桩的回转数、喷浆下沉和喷浆提升的速度必须符合施工工艺要求，以确保加固深度范围内土地的任一点均能经过20次以上的搅拌。并有专人记录每桩下沉或提升时间。深度记录误差不得大于50mm，时间记录误差不得大于5s，施工中发生的问题及时处理，处理情况在记录中注明。试验成果上报审批。

6.1.3.3 质量检测

水泥土搅拌桩施工结束后，按规定对桩体进行检验和检测，并将检验和检测的成果上报。

(1) 成桩7d后，采用浅部开挖桩头［深度宜超过停浆（灰）面下0.5m］，目测检查搅拌的均匀性，并将检验和检测的成果上报。

(2) 成桩3d内，可用轻型动力触探（N10）检查每米桩身的均匀性。检验数量为施工总桩数的1%，且不少于3根。

(3) 基槽开挖后，应检验桩位、桩数与桩顶质量，如不符合设计要求，需采取有效补强措施。

6.1.4 质量标准

满足《水利水电工程混凝土防渗墙施工技术规范》（SL 174—2014）及设计要求。

6.1.5 施工中应注意的质量问题

(1) 为确保墙体加固强度和均匀性，应特别注意以下几点：

1）严格按设计的水灰比、掺入比和钻头直径施工。

2）施工中采用快搅慢进，即钻头快挡旋转，慢挡给进（或提升），严禁采用五挡（快速）提升。

3）控制喷浆量和搅拌下钻（或提升）速度，保证供浆连续均匀。一旦因故停浆，为防止断桩和少浆，重新施工时应供浆下钻到停浆点以下0.5m后供浆提升。

4）确保水泥土连续墙的连续性。相邻桩的施工间隔不能超过24h。如因特殊原因超过上述时间，应对最后一根桩进行空钻留出榫头以使下一批桩搭接；如间歇时间太长（如停电等）与后续桩无法搭接，应在设计和监理单位认可后，采取局部补桩或注浆措施。

钻头直径定期检查，如不能满足墙体厚度要求，应立即更换或补焊叶片。

(2) 施工事故处理：

1）施工过程中因事故停浆，应及时记录停浆单元成墙深度及时间；若在24h内恢复施工，再次喷浆时应将桩机搅拌下钻到停浆面以下0.5m；若超过24h，要考虑该桩和前一根桩进行搭接，则应对该桩进行喷水空钻留出榫头，待恢复施工时该桩水泥掺入量稍增加些。

2）施工过程中如遇意外故障，钻杆在地下无法提起时，可用抽水泵接入送浆系统中，用清水冲洗钻杆及管道，待恢复时须重钻此单元墙号，水泥浆注入量也稍增加些。

3）施工过程中，必须随时检查单元成墙施工原始记录及了解施工情况，因钻头直径磨损较大使搭接长度不够，故障处理不当使单元成墙不合格或发现单元墙体不连续等，可考虑在截渗墙体前、后进行补桩，此时，注浆压力加大，注浆量增多。

6.1.6 施工中应注意的安全问题

（1）施工区域应设置安全警示标志，必要时设置围挡，确认安全后方可开始操作。

（2）禁止穿拖鞋、底面光滑的鞋及高跟鞋进行操作。

（3）向现场全部人员进行安全教育，并配备必要的防护用品。

6.2 模袋混凝土护坡及护岸维修施工工艺

6.2.1 适用范围

本工艺适用于模袋混凝土护坡及护岸工程项目施工。

6.2.2 施工准备

根据实际情况可采用混凝土泵车或者地泵进行泵送施工，混凝土可以采用现场自拌或使用商品混凝土。如果采用商品混凝土，需要施工单位了解商品混凝土厂与施工区域的运距，以便对混凝土的指标进行控制，防止现场出现问题，同时根据此情况编制用料计划等。

（1）机械准备：长臂挖掘机、混凝土地泵或混凝土泵车、发电机（备用发电机）、混凝土输送管道、对讲机、50 钢管、50 钢管桩、潜水泵。

（2）材料准备：土工布、模袋布、混凝土、沙袋。

（3）作业条件。

交通条件：修建临时施工道路，满足施工要求。

电源条件：施工用电可就近联网使用，不便处采用自备发电机组供电。

6.2.3 操作工艺

6.2.3.1 工艺流程

施工准备 → 测量放线 → 整坡 → 模袋铺放 → 模袋混凝土充灌 → 模袋混凝土厚度检查 → 清洗模袋混凝土表面及养护 → 检查验收

6.2.3.2 施工操作要点

（1）测量放线：一般的模袋混凝土施工前都要进行坡面整理工作，以保证模袋混凝土成品的平整度，因此，必须按照设计图纸的要求，对坡肩、坡脚线和边线进行放样，并将高程点在相应位置上用钢钎或者木桩进行标识（鉴于后期的整体沉降以及竣工验收，可以考虑预留一定的沉降量），为坡面整理做好充分的准备工作。

（2）整坡：先安排机械前期进行坡面粗整，后续用人工进行细部找平。

1）机械整坡：按照设计要求，先用长臂挖掘机整出操作平台，然后使用挖掘机对坡面进行整平（包括水下部分），其坡面不平整应小于10cm，为保护地基原状土不受扰动，机械整坡时需预留10cm的保护层改由人工整坡。

2）人工整坡：按照测量放线的高程进行坡度控制，可采用拉线进行控制，水上部分每隔10m设置一个控制点，其中控制线包括水平线和坡线，在坡面整理过程中严格按拉线进行操作，以保证坡度的平整和顺直；对回填的部位，按设计及设计要求进行夯实回填。坡面上的杂物尤其是尖锐杂物必须清理干净。

（3）模袋铺放。

模袋铺放前的准备工作：为了保证模袋铺设得平整和拉紧，一般将混凝土模袋卷在D50钢管上（钢管长度比模袋两侧各长出50cm左右，以便于操作）。为了使模袋铺放就位准确，模袋是自上而下铺在坡面上。需要注意的事项如下：

1）将模袋两个侧边卷齐，以便在铺放过程中掌握模袋边线的就位位置。

2）将模袋卷紧，卷紧的模袋卷不但直径较小，便于人工搬运和铺放，而且模袋卷中封存空气较少，缩短了其浸水下沉所需时间。由于模袋布质地致密，模袋卷下水后，内部封存的空气不能一下子排出，模袋卷由于浮力较大而漂浮在水面上，要等其被水浸透下沉后，才能开始水下的铺放工作，一般需要20～30min。水下铺设部分，可以在模袋端部增设穿管布，在穿管上加压重物，顺流将一端沉入水底，然后由潜水员牵引至设计位置。在充灌前采用砂卵石压重防止浮移。

3）将卷好的模袋运至铺放地点，按设计坡肩端位置加纵向收缩量（按模袋长度的3%考虑）确定模袋坡肩端位置。

4）为保证模袋混凝土之间拼缝严密，新铺放的模袋与已充灌完成的模袋混凝土相邻之间应有不小于30cm的搭接宽度，在确定的位置将模袋卷放置好后，即可人工缝制连接模袋。将模袋下衬的土工布与上一块模袋混凝土的搭接土工布缝在一起，这样有效避免了波浪扰动。

5）按照每天计划灌注量铺设模袋布，防止水浪冲洗变形。铺设、固定模袋在锚固槽内打固定桩，间距约为1.5m，将上端穿上钢管的模袋服帖地铺在坡面上，灌入口朝上。模袋铺设后应仔细检查有无破损之处，若有，必须及时修补。

（4）模袋混凝土充灌：充灌作业是整个施工过程中的关键工序，应严格按照配合比配料，确保混凝土质量。

充灌混凝土工艺流程（用泵车泵送混凝土）：

混凝土搅拌车运至现场 → 地泵接管 → 泵管插入模袋灌口 → 绑扎固定 → 灌注 → 质量检验

为了提高混凝土的耐久性，混凝土水灰比不大于0.55，为了改善混凝土的可泵性和冲灌性，可掺适量的泵送剂。安排商品混凝土厂家每天按计划供应方量以及安排混凝土运送时间，要做到混凝土的运送、充灌成型紧密衔接，保证随要随送。

首次灌注要试灌，现场进行试验确定，实验合格后进行灌注施工。充灌操作人员和专职地泵指挥人员之间应时刻保持联系，紧密配合。专职地泵指挥员根据施工组长的指令进行泵送。操作人员配合将软管插入模袋灌口中，然后用绳子系住，经检查无误后通知上面指挥员泵送混凝土，每次灌注前用砂浆湿润导管增加流动性，防止堵管。在充灌过程中由操作人员检查并帮助其流动到位。

灌口速度应控制在10～15m/h，出口压力以0.2～0.3MPa为宜。软管的管口应穿过灌口进入模袋内，以便泵压力直接作用于模袋内的混凝土，减小灌口承受的反作用力。

充灌时，两人扶住泵软管，以防其有较大的摆动，同时掌握灌口混凝土压力，当该处混凝土压力持续上升时说明混凝土在模袋中流动减慢，此时应适当降低泵车的充灌速度，当发现模袋内混凝土流动受阻时，可采取用脚踩踏的方法进行疏导；如果灌口处混凝土压力已升得很高，或上升速度很快，应停止充灌，进行检查并采取措施，如踩踏疏导无效，可区别下列情况分别处理：

1）如果阻塞发生在灌口处，可将泵管拆走，将阻塞的石子或混凝土从灌口内掏出，或用一木杆将阻塞物捣散疏通后，再继续充灌，这种情况往往是混凝土离析造成的，或因为混凝土含有大石子、也可能是清洗地泵不彻底导致碎石沉淀堵管。

2）灌口周围先充灌的混凝土已没有足够的流动性，这种情况往往由于充灌中途有较长时间的停歇而造成，需采用下列措施：

a. 用脚沿最短距离踏出一条凹槽，形成通道，改用砂浆将模袋充满。

b. 如果模袋已被截死，可在未充满部分的上边缘再开一灌口进行充灌，灌口应开在侧边隐蔽处，以保证整体美观。

（5）充灌混凝土关键技术。

1）充灌顺序先上游后下游，先充灌的模袋充灌半幅后，移管充灌相邻模袋也充灌半幅，再移管将先充灌的模袋充灌满。采用这样的充灌顺序实际上是两条模袋轮流交替充灌，同一次连续充满一条模袋后再充灌下一条模袋的顺序相比，按此顺序有以下的优点：

a. 两条模袋内充灌的混凝土量相差最小，模袋因充涨而发生的长度收缩也就相差不多，这样便于掌握模袋坡肩位置。

b. 降低了模袋内混凝土面升高的速度，减小了模袋承受的压力。

c. 先充灌模袋拼缝一侧的灌口，可避免模袋横向收缩造成该侧向位移，从而保证了拼缝严密。

2）在一个灌口充灌完毕后，应将坡肩端的锚固绳具适当放松，以防模袋由于充涨收缩而过分绷紧，造成充灌困难，甚至将模袋拉坏。充灌接近饱满时暂停几分钟，待模袋中水和空气排出后，再进行充灌饱满并及时撤管扎紧灌口，防止爆筋。

3）一个灌口充灌完成后，将灌布套内混凝土清除，将布套塞进灌口并缝合灌口，然后将模袋表面冲洗干净，这种处置灌口的方法，可使模袋表面平整美观。总的来看，充灌混凝土的技术关键是使混凝土具有良好的流动性及和易性，并保证充灌作业的连续进行。

6.2.4 质量标准

坡面平顺，局部无剥蚀脱落、缺损，无裂缝、架空等现象，坡面无杂物、整洁完好。

6.2.5 成品保护

混凝土充灌结束待初凝后，及时将模袋表面灰渣冲洗清理干净，防止人为踩踏，禁止堆放物品，避免尖锐物划伤模袋。全部护坡施工完成后，进行坡顶、坡脚和上下游两侧接头的回填处理，同时进行护岸混凝土的养护。一般养护期为14d，要求在此期间护坡表面处于润湿状态。

6.2.6 施工中应注意的质量问题

（1）整坡：必须设置测量控制点，坡比、表面的平整度应满足设计要求，坡面无杂物，确保坡面平顺美观。整坡是模袋工程的重点，平顺的坡面，才能保证模袋混凝土浇筑后，平顺、美观。

（2）模袋布：检查长度、宽度、厚度，有无漏缝、脱线、破损。铺设位置搭接，拉布桩是否牢固。模袋拼缝处必须缝上防渗的土工布。

（3）混凝土：检查配合比、用量，坍落度应满足设计要求，施工过程中应及时留置试块，及时进行抗压强度检测，确保浇筑质量。

（4）混凝土冲灌：检查导管安装路线及安装情况，灌入的混凝土是否饱满充实，有无鼓包现象；模袋混凝土施工时必须充分放气并踩实，施工结束后应及时冲洗保持表面干净整洁。

1）混凝土的流动性要求：不同坍落度的混凝土在模袋中的流动表现为不同形态。坍落度为20～22cm的混凝土在模袋中由灌口向四周呈辐射状流动。这种情况下，混凝土主要是在泵压力推动下强制移动，混凝土压力由灌口向四周随着离灌口距离的增加而迅速减小。随着模袋中充灌混凝土范围的扩大，充灌的难度增大，需要不断进行踩踏疏导，劳动强度很大，水下的操作难度更大，往往由于灌口处模袋承受的混凝土压力过大而造成破坏，无法将模袋充满。混凝土坍落度在23cm以上的混凝土进入模袋后是由灌口直接向下流动，然后自下而上将模袋充满，这种情况下，混凝土在模袋内主要是靠自重流动的，充灌作业极其简便，质量也有充分保证。应特别注意的是，以上所要求的流动性，应该在充分保证混凝土和易性的基础上取得，和易性较差的混凝土也常常出现充灌时的阻塞，这种现象的原因主要是混凝土的离析，产生离析的混凝土进入模袋后，粗骨料在灌口处集中，形成过滤作用，以致砂浆在泵压力作用下滤过，石子留下，很快便形成阻塞，这时往往出现泵管剧烈振动，继而灌口被破坏。由于模袋布是透水的，充入模袋内的混凝土由于部分水分渗出而很快失去流动性，水上部分的混凝土在充进模袋后，在气温25℃条件下，一般只需40min即完全失去流动性，加之减水混凝土具有坍落度损失较快的特点，因此要求保证混凝土充灌的连续性。

2）模袋混凝土充灌过程中主要应注意和解决的问题：

a. 为防止堵塞事故，应随时检查混凝土级配和坍落度；防止过粗骨料进入和堵塞管道；防止泵入空气，造成堵管或气爆；充灌应连续，停机时间一般不得超过20min。

b. 泵送与充灌操作人员之间应随时联系，紧密配合，充灌到位后及时停机，以防充灌过程产生鼓包或鼓破。出现鼓胀时，应及时停机，查找原因并处理。

c. 随时检查模袋固定是否牢固，以防充灌过程中模袋下滑。

d. 灌完一片后，移动设备，按上述步骤进行下一片的充灌施工。应特别注意两片间的连接、紧靠。

6.2.7 施工中应注意的安全问题

（1）严格执行安全生产的各项规章制度，现场设专职安全监督员，有专人负责安全管理，及时排除各种可能的事故隐患，制止违章行为。

（2）进行安全教育及监督工作，机器设备操作前必须认真检查，需有专人配合负责其安全。

（3）施工现场人员须佩戴合格的安全帽，穿反光服。

（4）工程开始施工前，项目部应及时向施工班组进行安全技术交底，下达安全技术交底单，并有双方签字确认，确保施工安全。

（5）施工区域应封闭交通，并设置明显警示标志，提示现场人员及车辆注意施工安全。

（6）施工道路及时洒水养护避免扬尘。

（7）在进行混凝土浇筑施工中及施工后废弃的混凝土必须集中堆放处理。

附　　录

附录 A　水闸测压管反向高压水流旋转疏通设备

A.1　总论

A.1.1　研发背景

随着我国经济迅猛发展，当前水利事业在国民经济中的地位越来越重要。水利工程是国民经济和社会发展的重要基础设施，在抵御水旱灾害、保障人民生命财产安全和国民经济的发展、促进水资源的可持续利用和保护生态环境等方面发挥着重要作用。

水利工程的维修养护关系到工程安全运行，是确保防洪安全的基础。测压管是水库、大坝、水闸等大、中型水工建筑物的重要组成部分，它靠管中水柱的高度来表示渗透压力的大小，在水工建筑物原体观测中，它常用于监测地下水位、堤坝浸润线、绕闸坝渗流、坝基渗流压力、混凝土闸坝扬压力、隧洞涵洞的外水压力等。

测压管水位观测对了解水工建筑物防渗设施的工作效能、判断水工建筑物在各种运行条件下的稳定性、监视工程安全状态有着十分重要的作用，是水闸管理工作中必须开展的观测项目。随着科学技术发展，远程网络控制及自动监测数据记录技术的广泛运用，使水闸测压管数据收集录入逐步向自动化、远程化发展。测压管观测数据通过自动化传输以鉴定水工建筑物是否处于安全状态。

我国长期以来对水闸测压管的选材大多使用外径 40～60mm 的钢管或镀锌钢管，经折弯、焊接等工序制作而成，按测量要求分布于水闸周围。由于测压管口径较小且长度较长，测压管垂直段与水平段存在多处弯节等特殊构造，材质又多为钢管或镀锌钢管，长期在高潮湿的工作环境中，受高湿度的影响，造成测压管内壁严重锈蚀。锈蚀产生的铁锈随管壁垂直下落，进入测压管存水段遇水后，再次分解为锈泥并沉淀于测压管底部或弯节处，在存水段长期浸泡水中形成大块锈渣，锈渣与管壁脱落后，结合锈泥造成对测压管的淤堵；测压管中水位经末端封堵金属网等与外界相连接，外界水质携带水生微生物及杂质随水位变化进入测压管，水生生物死亡、腐烂后随杂质长期沉淀，形成淤堵，严重影响了测压管的正常观测。

在 2014 年我们主要对已存在传统设备疏通技术及修复方案进行了细致考察及研究，发现传统设备疏通技术无法达到疏通折弯测压管的目的，修复方案又存在经费过高且效果不理想等因素，以下举例说明：

（1）高压软管清理。利用高压输水设备，使用软管伸入测压管，利用高压水流冲起管内沉淀物，高压水带动沉淀物由测压管口排出，完成对测压管的清洗。

弊端：由于软管口高压水流直冲，水流向前喷射，造成对软管的反作用力，此反作用力随水压增高及软管增长而增大，致使软管无法到达测压管底部进行清理。

（2）钻孔修复。摒弃测压管堵塞段，在闸墩或测压管预设外侧进行钻孔重新敷设测压管。

弊端：由于对测压管进行钻孔修复，钻孔位置难以确定且对水闸闸墩造成损坏且修复费用过高。修复段位于闸墩混凝土外侧，在水闸分洪泄流时容易对修复段造成损坏。

（3）直杆清理。利用直杆伸入测压管，对测压管内沉淀物进行清掏。

弊端：由于测压管管口直径，限制直杆直径，且直杆清理无法通过测压管弯节部位，致使直杆无法到达测压管底部进行清理。

（4）钢丝弹簧结构疏通机清理。利用机械原理带动钢丝弹簧旋转进入测压管进行清理。

弊端：由于测压管长度较长且内部存在弯节部位，使钢丝弹簧深入测压管后由于与管壁形成摩擦及自身扭力损失等原因，造成疏通长度越长扭力损失越严重，且无法彻底将测压管内沉淀物（泥、沙、铁锈等）进行清掏。

A.1.2　研发目的

近年来，随着科学技术迅猛发展，先进科学技术在水闸上得到了广泛应用，水闸维修养护所需用的设备也不断地在发展、更新、提高。水闸测压管作为了解水闸防渗设施的工作效能、判断水闸在各种运行条件下的稳定性、监视水闸安全状态的设施，对于水闸的安全运行具有十分重要的意义。测压管属于室外设施，点多、面广，易受人为破坏、风沙扬尘、降雨量等影响，管内经常出现固体和化学沉淀物淤堵现象。对测压管的疏通没有专业的疏通设备，只能依靠传统的小口径管道疏通设备，如排水管道钢丝弹簧疏通机、直杆疏通设备等。因测压管的末端与沙、土、砾石、岩石等地质连接并在末端使用金属网等进行封堵，普通的管道两端为开放式，所以这些传统的疏通设备存在着缺陷和弊端。如螺旋钢丝疏通机无法将堵塞物清理出测压管，直杆疏通设备无法疏通测压管弯道及弯道以下部位。因此造成测压管的疏通效果差，甚至无法疏通。因此需要研制专业的水闸测压管疏通设备，能够彻底清除测压管内的堵塞物，保证测压管的正常使用，确保水闸的安全运行。

我们对测压管的疏通工作非常关注，通过研究发现测压管的疏通设备存在不足和缺陷，研发新型疏通设备才是疏通测压管的关键。我们查阅了大量测压管及疏通设备相关资料，通过查阅资料，由于测压管疏通没有成熟设备，只能根据测压管的构造特点进行摸索、研发疏通设备。我们对专业测压管疏通设备应具备的功能、性能及技术指标进行了认真的讨论、研究。从进入测压弯道及以下部位的方式、对堵塞物的破碎、堵塞物的清除等进行了细致论证。通过对测压管专业疏通设备不断的实践探索和反复的实验、改进，克服了技术瓶颈，攻克了传统管道疏通设备的缺陷和弊端，自主研发出了水闸测压管反向高压水流旋转疏通专业设备。

该设备制具有对测压管内壁无损伤、实用性强，疏通效果好，工作效率高且性能稳定，制造成本低、重量轻，运输、拆装方便，不受施工场地限制及天气等影响，操作人员少且易操作，无需专业技术人员的特点。该设备的成功研制，开创了第一台专业疏通测压管设备的先河。

A.1.3 研发思路

通过对测压管的构造特点分析，针对传统管道疏通设备的缺陷和弊端，分析论证专业测压管疏通设备的功能、性能及技术指标要求，既要能够顺利通过、清理出弯道及弯道以下的堵塞物，又要能够破碎管道内的黏结力强的污物。本着对专业疏通设备具有“测压管内壁无损伤，实用性强，疏通效果好，工作效率高且性能稳定，制造成本低、重量轻，运输、拆装方便，不受施工场地限制及天气等影响，操作人员少且易操作，无需专业技术人员”的要求进行研发。

根据该研发思路，针对测压管的特殊性仔细研究分析专业疏通设备的组成、结构、构造，科学设计和选材，通过软件模拟和模型试验，对设计方案、选用材料和可行性进行反复试验和改进，经过了多次研发和应用实践。通过不断地摸索实践，研究开发出水闸测压管反向高压水流旋转疏通设备，该设备解决了测压管堵塞后难以疏通的难题。技术路线见图A.1。

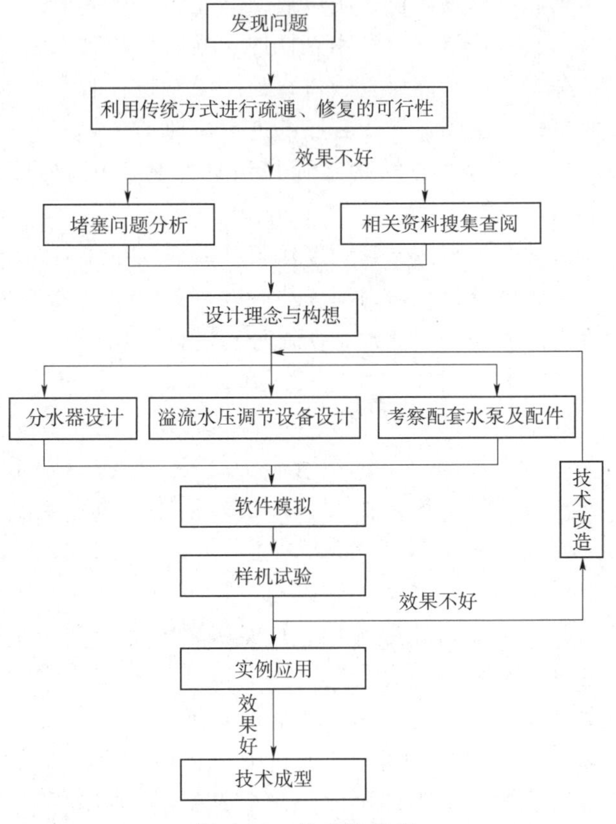

图A.1 技术路线图

A.2 成果研究

A.2.1 研发过程

A.2.1.1 试验过程

设计初期，提出了利用高压水带动旋转钻头进行破碎堵塞物并用喷射出高压水流带出污物的设计理念。在确立了初步的设计思路后，立即开展相关试验，试验场所选在江风口闸。试验之前首先明确了两大攻坚点：

(1) 分水器实现高压水旋转后，推动钻头前进的同时带动分水器旋转，使钻头钻、磨测压管内沉淀物，并经反向高压水流带出测压管。

(2) 选择高压供水设备及能够通过测压管的承受高压水的软管。

2014年8月上旬开始正式研发样机。根据测压管构造情况，我们选择了高压供水设备采用单相电水泵（图A.2）及储水式压力罐（图A.3）增压的方式对输水管提供高压水流；外径25mm的软管（图A.4）为供水管；分水器的构造分为四部分：钻头部分、高压水流整流部分、支承座部分及旋转支承部分；钻头部分头部为圆形齿牙结构且在中心设计开孔直径2mm中心孔，分水器的总长度控制在70mm。样机于2014年10

月中旬研制成功。

图 A.2　试验机型样机采用单项水泵

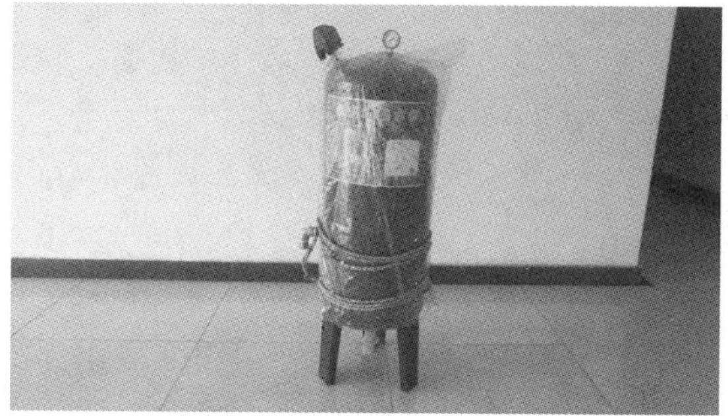

图 A.3　试验机型采用的储水式压力罐总成

经过测试、试验，发现此方案存在以下不足和缺陷：

1）水泵、压力罐提供到高压管内的水压偏低。由于压力罐所承受水压的限制，最大耐水压力为 0.4～0.5MPa（压力罐承压过大容易产生罐体破裂等影响安全因素），无法向供水管及分水器供给压力更高并恒定的高压水流，影响了设备性能。

图 A.4　试验机型采用供水软管

2）压力罐罐体偏大、水泵偏重，运输、移动及拆装不方便。

3）供水设备水压无法进行简单调节。

4）供水软管外径采用 25mm 软管承受水压偏低；且外径偏大，软管在测压管内经过弯节点易产生卡阻。

5）分水器长度过长，经过弯节点时无法通过（图 A.5）。

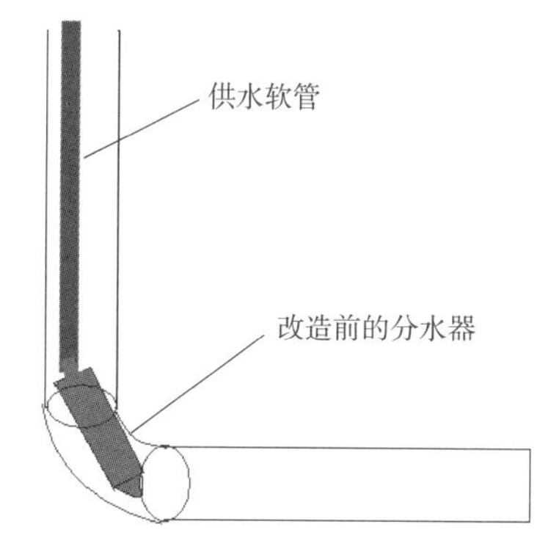

图 A.5　改造前分水器长度过长，弯节处易于卡阻的示意图

A.2.1.2　技术方案

鉴于以上设计缺陷，自 2015 年 1 月下旬，开始研究改进测压管疏通设备。根据样机出现的不足和缺陷，对分水器长度过长的缺陷进行了重新优化设计；对供水设备压力不足，供水软管外径过粗、承受水压偏低的情况进行了分析、研究，重新考察市场设备，通过仔细优化设计和设备的市场考察后，进行反复模拟试验、改进和论证，提出增大供水设备的供水压力，增设可调节的溢流水压调节设备对供水压力进行调节，减小供水管的外径尺寸为 18mm（内径为 12mm），缩短分水器的长度。改进后的设备可顺利通过测压管弯节部位到达测压管的末端，采用供水软管承受水压为 1.5MPa 高压编织胶管，使供水软管可在溢流水压调节设备调节水压内安全工作，解决了首台样机存在的不足和

缺陷。

改进思路：

（1）使用三相电＋叶轮高压不锈钢潜水泵代替单相水泵，使最高供给水压达到1MPa，为分水器提供良好的水动力。

（2）采用溢流水压调节设备代替储水式压力罐总成，完成水压自0～1MPa的自由调节。

（3）降低供水软管的直径，增加供水软管耐高压性能，采用外径18mm耐高压编织胶管。高压供水软管带有长度标识，以便掌握分水器在测压管中的位置。

（4）将分水器长度缩小至最低值（图A.6），以利于分水器顺利通过测压管弯管部分。

工作原理：水闸测压管反向高压水流旋转疏通设备是依靠高压供水设备，经溢流水压调节装置调节高压水压力至工作压力0.7～0.8MPa，高压水经供水软管连接进入分水器，分水器将进入的高压水调节为反向高压旋转水流的同时向前输送小部分高压水用于将较疏松的沉淀物进行分解，在推动分水器前进的同时带动分水器高速旋转，使钻头钻、磨测压管内沉淀物，并经反向高压水流带出测压管，见图A.7。

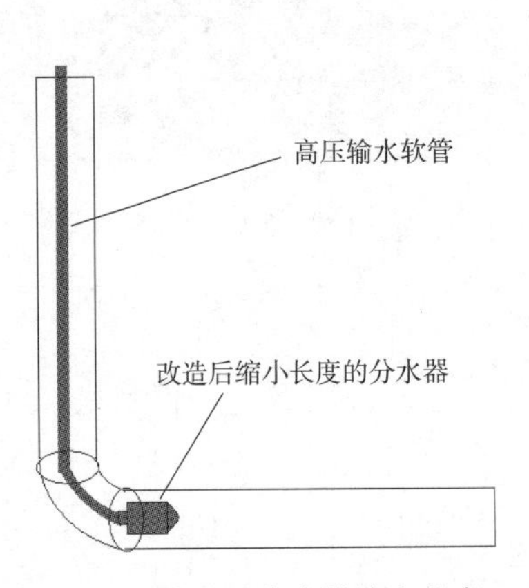

图A.6　改造后分水器缩小长度，顺利通过测压管弯节处示意图

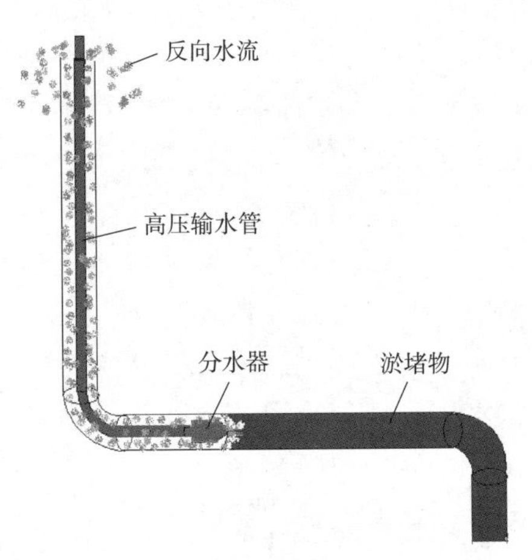

图A.7　分水器清理原理

A.2.2　成果论证

完成以上实验任务后，2015年7月我们对水闸测压管反向高压水流旋转疏通机各方面性能进行了评估，包括：工作效率、设备性能的稳定性、疏通效果、对测压管内壁无损伤、对黏合物的破碎能力，高压水的压力强度，高压供水设备的安全性，溢流水压调节设备的灵活、高压供输水软管的可靠性，钻头的耐磨性、钻头中心孔的合理性，是否能达到设备的性能指标，是否利于操作实施，是否安全、可靠、经济、实用等。

2015年8月中旬，对设备改进后的实验情况进行了总结、评估，得出的结论是：对测压管内壁无损伤、实用性强，疏通效果好，工作效率高且性能稳定，制造成本低、重量轻，运输、拆装方便，不受施工场地限制及天气等影响，操作人员少且易操作，无需专业技术人员，是个安全可靠、经济实惠、方便实用的测压管疏通设备。2015年9—10月，对大官庄新沭河泄洪闸、刘家道口分洪闸、江风口分洪闸堵塞的测压管进行疏通，疏通工作完毕后，经注水试验，堵塞测压管水位下降明显，测压管全部疏通，证明了水闸测压管反向高压水流旋转疏通设备达到预期设计目的。

A.3　技术难点及解决和实现方法

A.3.1　确保分水器设计、构造合理，达到性能要求

技术难点：分水器需要改变高压水水流方向提供前进动力且能够自身旋转破碎污物黏结块，同时在分水器钻头部分设置中心孔喷射高压水破碎、冲洗污物。分水器尺寸小、功能多，构造复杂，这是我们设计分水器中存在的一个大难题。

解决方法：研发设计人员经过讨论、模拟、周密的设计，把分水器设计成四个部分，分别为钻头部分、高压水整流部分、旋转支承部分和支承座部分。

（1）钻头部分：头部设计为圆形齿牙结构且在中心开直径2mm中心孔，使高压水通过中心孔向前喷射少量高压水流。作用是钻、磨分解黏结力较强的大块污物并将分解后的污物搅动通过中心孔带入高压水整流部分。

（2）高压水整流部分：在高压水整流部分末端与钻头连接部位设计斜出导流槽，以调整高压水流方向，为分水器提供前进的动力以及钻头、整流部分旋转的动力，高压水通过整流部分的斜出水槽可产生反向作用力使分水器高速旋转。

（3）旋转支承部分：利用轴承镶嵌，使钻头部分及整流部分达到顺畅旋转。

（4）支承座部分：用于连接旋转支承部分和高压供水软管。

分水器经过反复论证确保了设计、构造的合理，达到了性能要求。

A.3.2　保证分水器满足自身旋转的同时向前提供最大前进力

技术难点：测压管内径限制分水器的尺寸，如何在有限的工作区域内，设计分水器的各个部件及构造，是我们克服的第一难题。分水器的设计为满足分水器在测压管内自身旋转且向前提供最大前进动力，进行了周密计算及推论，完成对分水器的改进。

解决方法：

（1）分水器整流部分角度控制：因分水器提供前进动力的同时还要提供分水器旋转力。如采用与纵向呈最小角度的设计，虽然可提供强大的前进动力，但是损失了分水器旋转力矩；如采用与横向呈90°角的设计，虽然可提供强大的旋转动力，但是损失了分水器前进动力。基于兼顾两个力矩的产生，考虑将整流部分设计为纵向及横向均呈45°斜角高压水导流槽。

（2）导流槽的数量设计：设计导流槽时要考虑分水器的结构因素。依据三角固定的可靠性，设计固定用沉头十字螺栓为三个，在分水器横截面均分120°固定钻头部分与整流部分，并在钻头部分与整流部分连接的沉头十字螺栓之间设计高压水导流槽。所以导流槽的数量必须为3的倍数才能均匀分布于整流部分斜面。

为最大限度提高整流部分的高压水通过流量，使分水器在测压管内旋转时高压旋转水流可支撑分水器在测压管中的位置，起到减少分水器与测压管内壁摩擦的作用。导流槽的槽深与边长，受到整流部分结构限制，其边长不宜超过3mm，依据锥形斜面空余部分可均匀分布9条导流槽。

（3）如何保证分水器顺利前行：分水器9条45°斜向导流槽的形状为等边三角槽形，

边长均为 3mm，根据面积公式 $S=\frac{1}{2}a^2\sin60^\circ=\frac{1}{2}ah=\frac{\sqrt{3}}{4}a^2$，得每条槽的横截面积约为 3.9mm²，9 条导流槽的横截面积共计 35mm²。

前喷高压水流的圆形开孔直径为 2mm，依据面积公式 $S=\pi r^2$，得开孔面积约为 3.14mm²。

因导流槽内通过水压与前喷高压水流压力相同，得出反向高压旋转水流所产生的前进动力是前喷高压水流所形成反作用力的 11.1 倍，所以反向高压旋转水流可以推动分水器并带动后续供水软管。

钻头部分的半球形设计为分水器在经过测压管弯节部位时提供斜面接触，并在高速旋转的同时靠着自身前进动力的驱动，带动分水器顺利经过测压管弯节部位，直达测压管底部，彻底疏通测压管。

A.3.3 保证反向高压水流可顺利携带出测压管内沉淀物

根据流速计算公式 $Q=SV$，计算供水水流流速。

$$\text{流量}=\text{水泵流量}=3\text{m}^3/\text{h}=3000000\text{cm}^3/\text{h}$$

$$3000000\text{cm}^3\div3600\approx833\text{cm}^3/\text{s}$$

$$\text{供水软管内截面积为 }3.14\times0.6^2=1.13\ (\text{cm}^2)$$

$$833\text{cm}^3/\text{s}\div1.13\text{cm}^2=737\text{cm/s}=7.37\text{m/s}$$

根据测压管内直径及供水软管内高压水流速计算得出回水水流的流速为 7.37m/s。

供水软管运行时，由于管内压力增大，根据实测值供水软管外径存在 2～3mm 的膨胀系数，根据面积计算公式计算供水软管外径面积为：3.14×1.0506≈3.3（cm²）。测量 40mm 测压管内径为 34mm，50mm 测压管内径为 42mm，60mm 测压管内径为 52mm，计算得出 3 种测压管内回水面积分别为

$$3.14\times1.7^2-3.3\text{cm}^2\approx5.77\text{cm}^2$$

$$3.14\times2.1^2-3.3\text{cm}^2\approx10.54\text{cm}^2$$

$$3.14\times2.6^2-3.3\text{cm}^2\approx17.92\text{cm}^2$$

根据流速计算公式 $Q=SV$，计算反向回水水流流速。

40mm 测压管回水流速为

$$833\text{cm}^3\div5.77\text{cm}^2\approx144.37\text{cm/s}=1.44\text{m/s}$$

50mm 测压管回水流速为

$$833\text{cm}^3\div10.54\text{cm}^2\approx79.03\text{cm/s}=0.79\text{m/s}$$

60mm 测压管回水流速为

$$833\text{cm}^3\div17.92\text{cm}^2\approx46.5\text{cm/s}=0.465\text{m/s}$$

根据水流流速携带不同物质考证表计算，分水器整流后的回水水流流速最小值满足对测压管内部物质的携带流速，直径 30mm 分水器配合外径 18mm 供水软管在外径范围 40～50mm测压管通用。

对于外径 60mm 的测压管可加粗供水软管外径至 28mm，因加粗供水管即减少测压管回水水流截面积，增大回水水流流速。

依据公式所得：　　$3.14\times2.6^2-7.30\text{cm}^2\approx13.91\text{cm}^2$

$$833cm^3 \div 13.91cm^2 \approx 59.88cm/s = 0.60m/s$$

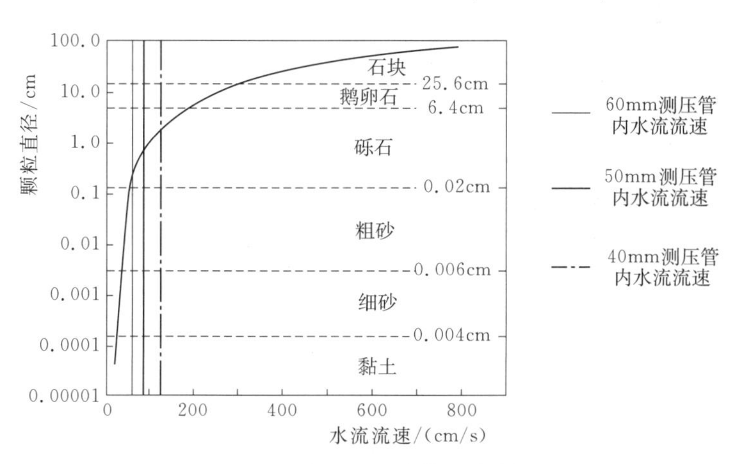

图 A.8　水流流速携带物质分析

根据以上计算数据及图 A.8 中推论，直径 30mm 型分水器可通用于外径 40～60mm 测压管，在考虑回水水流流速及携带物质的特性，调整供水管直径可使回水水流流速达到 0.6～1.44m/s。根据图 A.8，水流流速在 0.6～1.44m/s 时可携带粒径为 0.3～1.5cm 砾石，在测压管疏通中可将沉淀物带出测压管。

A.3.4　达到前进动力及旋转动力的良好分配

未经分水器前的高压水射流反作用力计算公式为

$$F = 0.745q\sqrt{p}$$

式中　F——反作用力，N；

q——有效流量，L/min；

p——工作压力，MPa。

根据水泵工作流量 $2.4m^3/h$ 及工作压力 0.8MPa 计算为

$$F = 0.745 \times 400L/min \times \sqrt{0.8} \approx 266.54N$$

未经分水器前的高压水射流反作用力为 266.54N。

根据分水器钻头部分及整流部分的设计，钻头部分出水孔面积 $3.14mm^2$，9 条导流槽面积共计 $35mm^2$，在不考虑外界因素造成反作用力损失的前提下，根据面积粗略计算出前喷高压水流反作用力、旋转动力及前进动力如下：

前喷高压水流反作用力：$266.54N \times [3.14 \div (35 + 3.14)] = 21.94N$

反向高压水流反作用力：$266.54N - 21.94N = 244.6N$

根据导流槽设计纵向、横向均为 45°，斜切力矩的产生，使前进动力及旋转动力均分为高压水流的反向作用力。

旋转动力：$244.6N \div 2 = 122.3N$

横向 45°导流槽可使高压水斜冲测压管管壁，与管壁形成 122.3N 的反作用力，带动钻头部分高速旋转。

前进动力：$244.6N \div 2 = 122.3N$

前进动力为 122.3N，大于前喷高压水流反作用力 21.94N，从而实现分水器提供供水软管前进动力。

A.3.5 保证供水水压恒定且简单易调节

技术难点：由于分水器的正常工作需要高压供水及恒定的工作水压。传统供水压力罐总成提供高压水但存在供水水压偏低、供水压力波动较大的缺点，研发小组对供水调节设备进行改进与制作。

解决方法：采用溢流调压的方法代替传统压力罐总成，溢流调压设备与供水软管连接处设压力表，以便掌握调节后的供水压力，通过溢流调节阀的调节，完成对水压调节，调节后的水压为恒定压力高压水，良好地提供了分水器正常工作的高压水流及压力。

A.4 技术特征及主要创新点

A.4.1 技术特征

A.4.1.1 设备技术先进

该设备通过分水器产生反向高压水流及提供分水器高速旋转的动力，在测压管特殊结构下，利用分水器改变高压水的方向，在反向高压旋转水流的作用力下既能使分水器带动供水管前进又能实现钻头自身高速旋转，钻、磨测压管内沉淀物，经反向高压旋转水流将沉淀物带出测压管的技术，该技术是水闸测压管反向高压水流旋转疏通设备的核心技术。

A.4.1.2 设备稳定性强，安全可靠

该设备由高压供水设备、水压调节设备、供输水管、分水器组成。高压供水设备、溢流水压调节设备、供输水管在各领域中运用，技术成熟；分水器、溢流水压调节设备为研发小组自行研发，经过反复实验、论证及长时间测试，认定该部件设计、构造合理，工作稳定，质量可靠、安全性能强。

A.4.1.3 实用性强

该设备构造合理，体积小，重量轻，便于拆装、携带，不受作业场地的限制，既能对双端开口式的管道进行疏通又能对单端开口式的管道进行疏通，也能对直管道疏通且能对弯曲管道疏通，具有非常高的实用性。

A.4.2 主要创新点

（1）水闸测压管反向高压水流旋转疏通设备的研制成功，使国内测压管疏通技术取得突破性的进展；本项目创新性地提出通过反向高压水流旋转技术清理测压管内的堵塞物，彻底地解决了测压管疏通困难的难题，开创了首台测压管专业疏通设备的先河。

（2）分水器的研制成功能够对小口径单端开口式折弯测压管进行彻底清理，改变了传统管道疏通设备不能够对小口径单端开口式弯道的测压管彻底疏通工作的局面，该设备对测压管疏通处于水利行业领先水平。

A.5 技术成熟程度

水闸测压管反向高压水流旋转疏通设备的制造、应用技术是在不断试验、不断应用的过程中应运而生的，经过长时间运行检验，高压供水设备、溢流水压调节设备、供输水管在各领域中运用，技术成熟；分水器、溢流水压调节设备为研发小组自行研发，设计、构造合理，工作稳定，质量可靠、安全性能强，该设备操作简单，结构通俗易懂；因此，本设备所运用的技术是成熟、先进、实用的。水闸测压管反向高压水流旋转疏通设备的实际疏通效果，有效地证明了该设备可以对各种型质（“之”字形、“L”字形、“l”字形等）

的水闸测压管进行疏通作业，疏通彻底。现今我们已对水闸测压管反向高压水流旋转疏通设备分水器及相关自主研发设备进行申请专利保护，相应专利名称为：一种水闸测压管反向高压水流旋转疏通设备，专利号：ZL 2015 2 0988783.9（附专利证书）。

证书号第5280780号

实用新型专利证书

实用新型名称：一种水闸测压管反向高压水流旋转疏通设备

发　明　人：王贤良；魏本成

专　利　号：ZL 2015 2 0988783.9

专利申请日：2015年12月04日

专利权人：王贤良；魏本成

授权公告日：2016年06月15日

本实用新型经过本局依照中华人民共和国专利法进行初步审查，决定授予专利权，颁发本证书并在专利登记簿上予以登记。专利权自授权公告之日起生效。

本专利的专利权期限为十年，自申请日起算。专利权人应当依照专利法及其实施细则规定缴纳年费。本专利的年费应当在每年12月04日前缴纳。未按照规定缴纳年费的，专利权自应当缴纳年费期满之日起终止。

专利证书记载专利权登记时的法律状况。专利权的转移、质押、无效、终止、恢复和专利权人的姓名或名称、国籍、地址变更等事项记载在专利登记簿上。

局长
申长雨

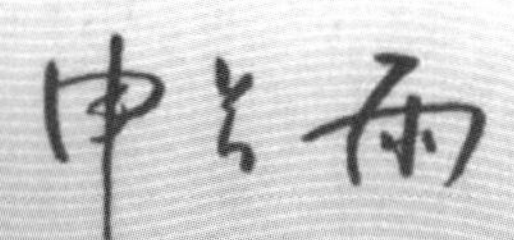

2016年06月15日

第1页（共1页）

附录B　便携式启闭机电动摇柄新设备

B.1　总论

B.1.1　研发背景

在我国，目前大型水利工程管理主要集中在城市，农村主要是小型水利工程管理与水利建设。因此，做好小型水利工程管理工作十分重要，水利是新农村建设的基础与先导。

水利工程的维修养护关系到工程安全运行，是确保防洪安全的基础。小涵闸是位于堤防上防洪排涝的重要组成部分，小涵闸是否实现快速启闭，对于农村小水时排涝、大水时防洪起着至关重要的作用。

长期以来我国的小涵闸因为都处于比较偏僻的地点且比较分散，小涵闸的启闭机多采用手动启闭闸门。如果改造为手电两用启闭机，需要大量经费，每台启闭机都需要配备固定的电机，因为小涵闸都处在野外无人值守并且没有任何保护装置极易被盗，同时因为地处偏僻需要单独架设电路，成本更高。所以小涵闸的启闭一直靠人力进行启闭，费时费力且时效性差。

2016年我们主要对手动启闭机和手电两用启闭机进行了细致考察及研究，发现手动启闭机开启关闭费时费力、手电两用启闭机改造经费过高且效果不理想，以下举例说明。

（1）手动启闭机：利用启闭机配备的摇柄，由人工摇动摇柄对启闭机进行启闭。

弊端：需要人力使启闭机对闸门进行启闭，费时费力无法连续对多个闸门进行启闭。

（2）手电两用启闭机：利用启闭机上的电机或者手柄对启闭机进行启闭。

弊端：虽然可以使用电力通过启闭机启闭小涵闸闸门，但是配备的电动机不可以移动，在无启闭机房保护、无人值守的野外极易被盗；另外，小涵闸多处于远离村庄的堤防上，需要单独架设线路改造费用较高。

B.1.2　研发目的

通过研究发现小涵闸启闭机设备存在不足和缺陷，研发新型可移动式启闭机成为了关键。我们查阅了大量启闭机设备相关资料，发现小涵闸安装的都是手动启闭机，只能根据启闭机开启特点进行摸索、研发新的动力传输设备。我们对多种启闭机的功能、性能及技术指标进行了认真的讨论、研究，从启闭的方式、启闭机的动力源、动力传输以及电源设备等方面进行了细致论证。通过对启闭机设备不断的实践探索和反复的实验、改进，克服了技术瓶颈，攻克了传统手电两用启闭机的缺陷和弊端，自主研发出了便携式启闭机电动摇柄。

该设备无需改造小涵闸现有的手动启闭机，实用性强，工作效率高且性能稳定，制造成本低、重量轻，运输、拆装方便，不受施工场地限制及天气等影响，具有操作人员少且易操作、无需专业技术人员的特点。该设备的成功研制，开创了便携式电动开启小涵闸闸门设备的先河。

B.1.3　研发思路

通过对现在启闭机特别是手电两用启闭机的研究，针对传统固定电机还需架设电路等存在的缺陷和弊端，分析论证可移动电动摇柄设备的功能、性能及技术指标要求，既要能够顺利实现电动启闭闸门，又要能够在完成启闭任务后方便快捷的把电动设备带走。本着对便携式电动摇柄设备具有“可移动方便电源、便携式动力源、安全稳定传输设备，实用性强，工作效率高且性能稳定，制造成本低、重量轻，运输、拆装方便，不受施工场地限制及天气等影响，操作人员少且易操作，无需专业技术人员”的要求进行研发。

根据该研发思路，针对手电两用启闭机特殊性仔细研究分析电动启闭机设备的组成、结构、构造，科学设计和选材，通过软件模拟和模型试验，对设计方案、选用材料和可行性进行反复试验和改进，经过了多次研发和应用实践。通过不断地摸索实践，研究开发出便携式启闭机电动摇柄，该设备解决了手动启闭机只能用人力使用摇柄进行闸门开闭的难题。技术路线见图B.1。

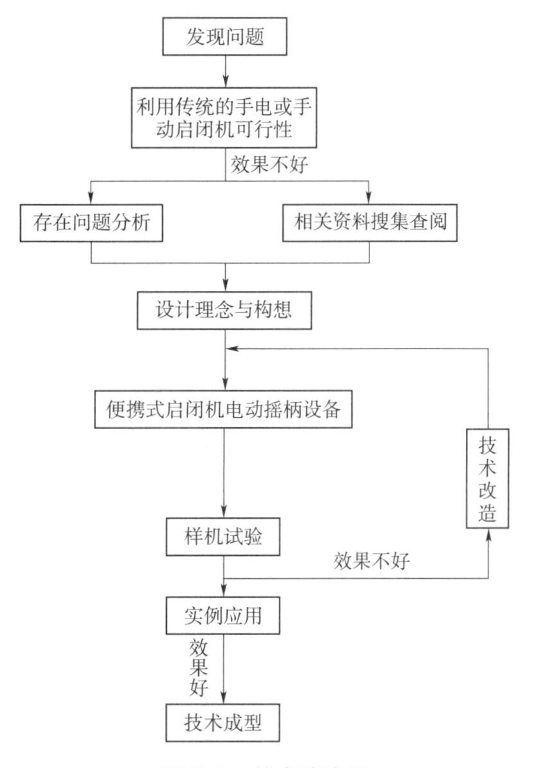

图B.1　技术路线图

B.2　成果研究

B.2.1　研发过程

B.2.1.1　试验过程

设计初期，提出了电动机直连螺旋伞齿花键套直接对启闭机的闸门进行开闭的设计理念。在确立了初步的设计思路后，立即开展相关试验。试验场所选为分沂入沭河道上的小涵闸。试验之前首先明确了两大攻坚点：

（1）电动机和螺旋伞齿花键套（图B.2）连接问题。

（2）因为电动机体形较大，不同的启闭机插入摇柄的位置高低不同，需要将电动机和启闭机进行固定的问题。

根据开始论证的情况，我们选择了1.5kW电动机（图B.3）提供动力源。

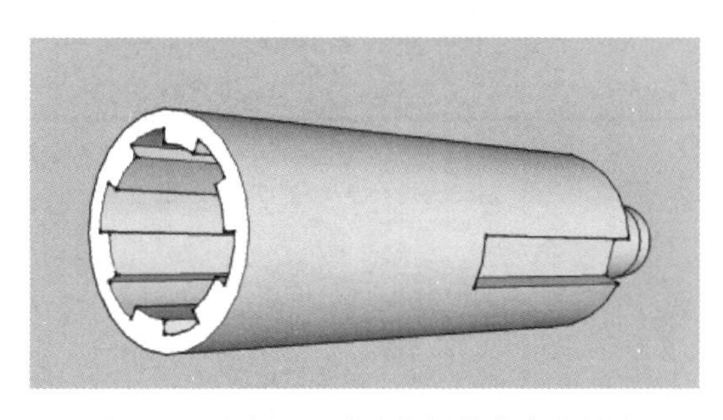

图B.2　试验机型采用的螺旋伞齿花键套

图B.3　试验机型样机采用电动机

经过测试、试验，发现此方案存在以下不足和缺陷：①电动机的固定问题，由于电动机体型较大，固定电动机和启闭机摇柄口在同一高度上存在难度且安装不够稳定；②电动机转速较快，存在很大的危险性；③无过载保护装置，电机容易被烧坏。

B.2.1.2　技术方案

鉴于以上设计缺陷，开始研究改进动力传输设备。根据样机出现的不足和缺陷，对直接连接模式的缺陷进行了重新优化设计；对转速太快的问题，进行了分析、研究重新考察市场设备。经过优化设计和设备的市场考察后，反复进行模拟试验，改进和论证，提出将直接连接改为通过皮带轮链接，增减速机进行调节，降低电动机的转速。改进后的设备可顺利通过皮带轮来应对启闭机摇柄口不同高度调节的问题，采用软连接也解决了电机过载保护的问题，同时电机安放在机架桥上也解决了电动机稳定的问题。

改进思路：①对电动机进行减速，选择合适的减速机，使电动机转速达到手动摇柄转速，可完全模拟人力摇动摇柄启闭闸门；②通过在轴承 A9、轴承 B10 之间设置轴承固定支架，用来确定并限制两个皮带轮之间的距离，轴承固定支架中间的连接杆部分长度可以调节，既可以解决不同高度的启闭机摇柄位置问题还可以拉紧皮带轮，使动力传输稳定可靠。

B.2.2　便携式启闭机电动摇柄的构造及作用

B.2.2.1　电动机

电动机设备参数：220V，1500W，转速为 1400r/min，见图 B.4。

电机扭矩为：1.5×9554÷1400＝10.24（N·m）。

B.2.2.2　减速机

（1）蜗轮蜗杆减速器（图 B.5）：具有反向自锁功能，有较大的速比（单级 10～80，两级 43～3600），输入轴和输出轴不在同一直线上，也不在同一平面上。但一般体积较大，效率不高（65%～70%），精度不高（8 级），也不能满足便携式要求。

图 B.4　中速电动机

图 B.5　蜗轮蜗杆减速器

（2）行星减速器（图 B.6）：结构紧凑，速比为 3～10；精度高（单级可做到 1 分以内），高传动效率（单级在 97%～98%），使用寿命长，输出扭矩可做得很大，一般用于三项电动机，价格略贵，不经济。

（3）摆线针轮减速器（图 B.7）：具有减速比大（单级 11～87，两级 121～7569），传动效率高（单级 94%），体积小，重量轻，故障少，寿命长，运转平稳可靠，噪声小，拆装方便，容易维修，结构简单，过载能力强，耐冲击，惯性力矩小。既方便携带，又经济实用。

图 B.6　行星减速器

图 B.7　摆线针轮减速器

对上述不同类型的减速机进行对比选型（图 B.8），选用摆线针轮减速器。

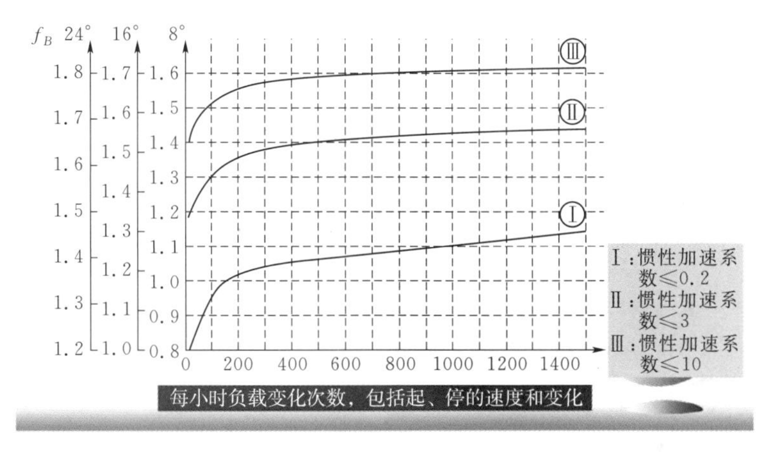

图 B.8　减速机的确定

B. 2. 2. 3　动力传输设备

在轴承 A、轴承 B 之间设置轴承固定支架，用来确定并限制两个皮带轮之间的距离，轴承固定支架中间连接杆部分长度可以调节（图 B.9）。

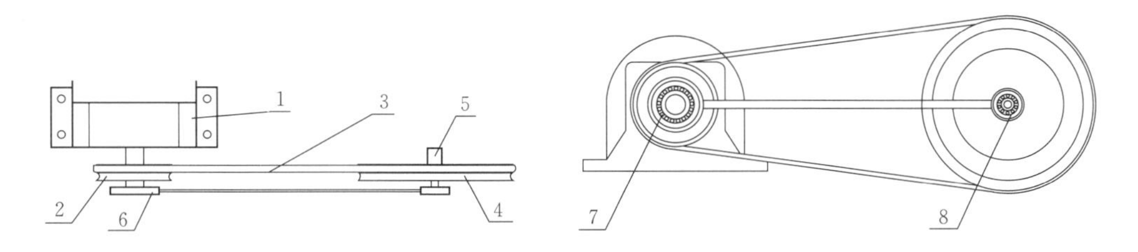

图 B.9　动力传输

1—减速机；2—皮带轮 A；3—皮带；4—皮带轮 B；5—螺旋伞齿花键套；6—轴承固定支架；7—轴承 A；8—轴承 B

B. 2. 3　成果论证

完成以上实验任务后，我们对便携式启闭机电动摇柄各方面性能进行了评估，包括：工作效率、设备性能的稳定性、传动装置是否安全可靠、开启转速的合理性，设备现场操作是否简单，设备携带是否便携，是否能达到设备的性能指标，是否利于操作实施，是否安全、可靠、经济、实用等。

评估完成后，对设备改进后的实验情况进行了总结、评估，得出的结论是：电动摇柄启闭闸门效果好，工作效率高且性能稳定，制造成本低、重量轻，运输、拆装方便，不受施工场地限制及天气等影响，操作人员少且易操作，无需专业技术人员，是个安全可靠、经济实惠、方便实用的启闭机电动开关设备。之后对沭河上不同小涵闸启闭机进行开闭实验，证明了便携式启闭机电动摇柄设备达到预期设计目的。

B.3 技术难点及解决和实现方法

B.3.1 提供一个稳定的可移动的电源

技术难点：小涵闸多处于远离村庄的堤防上，需要解决电源问题。

解决方法：研发设计人员经过讨论，如果采用 380V 电源自备使用柴油发电机，柴油发电机笨重，体量较大，不能满足便携式要求。经过反复考察论证提出了另一种方案即车辆上的 12V 蓄电池，即确保了设计、构造的合理，又达到了性能要求。

B.3.2 降低电动机的转速，模拟人力转速启闭闸门

技术难点：电动机的转速为 1400r/min，直接连接启闭机转速太快且不安全。

解决方法：增加减速机，降低电动机转速，增加力矩。

B.3.3 将电动机的动力传输到启闭机摇柄，从而启闭闸门

技术难点：直接连接无保护装置容易造成电动机损坏。

解决方法：皮带轮 A 外侧凹槽设置三角皮带，三角皮带另一端设置在皮带轮 B 外侧凹槽内，皮带轮 B 内侧设置螺旋伞齿花键套，皮带轮 A 侧面连接轴承 A，螺旋伞齿花键套细的一端连接轴承 B，轴承 A 外侧连接轴承固定架一端。

B.4 技术特征及主要创新点

B.4.1 技术特征

B.4.1.1 设备技术先进

该设备由车载电源或者汽油发电机提供动力，通过转数减速设备、动力传输设备、螺旋伞状花键套，将电力转化为动能驱动已安装的手动启闭机启闭闸门。动力传输设备、螺旋伞状花键套连接启闭机是便携式启闭机电动摇柄设备的核心技术。

B.4.1.2 设备稳定性强，安全可靠

该设备由 220V 电源、动力提供设备、转数减速设备、动力传输设备、螺旋伞状花键套组成。220V 电源、动力提供设备、转数减速设备在各领域中运用，技术成熟；动力传输设备、螺旋伞状花键套为研发小组自行研发，经过反复实验、论证及长时间测试，认定该部件设计、构造合理，工作稳定，质量可靠、安全性能强。

B.4.1.3 实用性强

该设备构造合理，体积小，重量轻，便于拆装、携带，不受作业场地的限制，电动控制手动启闭机启闭闸门，具有非常高的实用性。

B.4.2 主要创新点

便携式启闭机电动摇柄的研制成功，使小涵闸闸门启闭取得突破性的进展。本项目创新性的提出便携式的电动摇柄，将手动摇柄改为便携式电动摇柄，使我们现存的大量小涵闸手动启闭机无需花费大量经费进行改造，只需要配备一定数量的电动摇柄就可以实现电动启闭小涵闸，

彻底解决了手动启闭费时费力时效性差的难题，开创了便携式启闭机电动摇柄设备的先河。

B.5　技术成熟程度

便携式启闭机电动摇柄设备的制造、应用技术是在不断试验、不断应用的过程中应运而生，经过长时间运行检验，电源、动力装置、动力传输装置在各领域中运用，技术成熟；螺旋伞齿花键套、动力传输稳定装置设备为研发小组自行研发，设计、构造合理，工作稳定，质量可靠、安全性能强。该设备操作简单，结构通俗易懂，因此，本设备所运用的技术是成熟、先进、实用的。便携式启闭机电动摇柄设备使用效果，有效地证明了该设备可以对各种小涵闸手动启闭机进行电动启闭。现今我们已对便携式启闭机电动摇柄进行申请专利保护，相应专利名称为：一种便携式启闭机电动摇柄设备，专利号：ZL 2017 2 0034450.1（附专利证书）。

证书号第6372287号

实用新型专利证书

实用新型名称：一种便携式启闭机电动摇柄装置

发　明　人：蔺中运；王秀玉；解长青；公艳萍；魏绪武；隋树嵩；周明霞

专　利　号：ZL 2017 2 0034450.1

专利申请日：2017年01月12日

专 利 权 人：山东沂沭河水利工程有限公司

授权公告日：2017年08月11日

本实用新型经过本局依照中华人民共和国专利法进行初步审查，决定授予专利权，颁发本证书并在专利登记簿上予以登记。专利权自授权公告之日起生效。

本专利的专利权期限为十年，自申请日起算。专利权人应当依照专利法及其实施细则规定缴纳年费。本专利的年费应当在每年01月12日前缴纳。未按照规定缴纳年费的，专利权自应当缴纳年费期满之日起终止。

专利证书记载专利权登记时的法律状况。专利权的转移、质押、无效、终止、恢复和专利权人的姓名或名称、国籍、地址变更等事项记载在专利登记簿上。

局长
申长雨

2017年08月11日

第1页（共1页）

附录C 具有组合式上下通道的水闸施工工艺

C.1 总论

C.1.1 研发背景

水利工程是我国的基础设施，不但功能强大，对经济效益产生重大影响，而且关系到经济安全、生态安全、国家安全。为了能更好地促进经济发展，对新时期水利工程管理水平提出了更高的要求。

我国拥有众多的河流，水利设施也是广泛分布。在这些水利设施中，水闸是数量最多的。水闸，即修建在河道、湖泊和渠道上利用闸门控制流量和调节水位的低水头水工建筑物。关闭闸门可以拦洪、挡潮或抬高上游水位，以满足灌溉、发电、航运、水产、环保、工业和生活用水等需要；开启闸门，可以宣泄洪水、涝水、弃水或废水，也可对下游河道或渠道供水。

水闸，按其所承担的主要任务，可分为：节制闸、进水闸、冲沙闸、分洪闸、挡潮闸、排水闸等。按闸室的结构形式，可分为：开敞式、胸墙式和涵洞式。开敞式水闸当闸门全开时过闸水流通畅，适用于有泄洪、排冰、过木或排漂浮物等任务要求的水闸，节制闸、分洪闸常用这种形式。胸墙式水闸和涵洞式水闸，适用于闸上水位变幅较大或挡水位高于闸孔设计水位，即闸的孔径按低水位通过设计流量进行设计的情况。胸墙式的闸室结构与开敞式基本相同，为了减少闸门和工作桥的高度或为控制下泄单宽流量而设胸墙代替部分闸门挡水，挡潮闸、进水闸、泄水闸常用这种形式。如中国葛洲坝泄水闸采用12m×12m活动平板门胸墙，其下为12m×12m弧形工作门，以适应必要时宣泄大流量的需要。

闸门形式需要根据闸门工作性质、设置位置、运行条件闸孔跨度、启闭机和工程造价等，结合闸门的特点，参照已有的运行实践经验，通过技术经济比较确定。其中平面闸门和弧形闸门是最常采用的门形。大、中型露顶式和潜没式的工作闸门大多采用弧形闸门，高水头深孔工作闸门尤为常用弧形闸门。当用作事故闸门和检修闸门时，大多采用平面闸门。工作闸门前常设置检修闸门和事故闸门。对高水头泄水工作闸门由于经常动水操作或局部开启，应设法减少闸门振动和空蚀现象，改善闸门水力条件，按不同的部件考虑动力的影响，并对门体的刚度和动力特征进行分析研究。对门叶和埋件的制造、安装精度都应严格控制，当门槽边界流态复杂或体形特殊时，除需参考已有运行的成功试验，还应通过水工模型试验解决可能发生的振动、空蚀问题，以选定合适的门槽体形。

根据《水闸技术管理规程》(SL 75—2014) 等相关规范规程要求，水闸应及时开展检查，检查包括日常检查、经常检查、定期检查、特别检查和安全鉴定。原则上要求，水闸作为重要水工设施，要作为检查重点，周期分别为：每天一次、每月不少一次、汛前汛后各一次，当遇到特大洪水风暴潮和强烈地震时检查进行特别检查，新建或加固首次安全鉴定为5年，以后为10年。

水闸管理单位每年检查的主要内容有：对水闸的闸门、启闭机、机电设备、通信设备等进行经常性检查，并将检查情况进行详细的记录。每年汛前、汛后定期对水闸各部位及各项设施进行全面检查。汛前着重检查维修养护工程完成情况、度汛存在的问题及措施、防汛组织和防汛备料以及通信、照明及备用电源，做好防汛准备工作，汛后着重检查工程变化和损坏情况，根据定期检查结果及时编报汛前检查报告和汛后检查报告上报；管理单位根据工程情况，安排下年度维修养护。

水闸管理局每年安排大量人员、经费对闸门维修养护管理，及时进行除锈防腐；及时检查更换止水橡皮；定期清除闸门表面附着的水生物、泥沙、污垢、杂物等，闸门的联结紧固件牢固无松动；运转部件的加油设施保持完好、畅通，并定期加油；闸门的滚轮、吊耳等活动部件定期清洗；闸门门叶无变形、杆件弯曲或断裂、焊缝开裂、螺栓松动等现象。

检查混凝土建筑物表面较整洁，尤其是交通桥桥墩、桥梁等脱壳、剥落、裂缝等现象；检查油泵、油管系统渗油现象，供油管和排油管保持色标，敷设牢固；活塞杆划痕、毛刺；活塞环、油封变形；检查阀组动作是否灵活可靠；指示仪表检验；贮油箱漏油现象。

之前除险加固工程，原有的上下通道因改造造价高，改造难度大，未预留上下检修通道。水闸底板至水闸工作桥顶点竖直距离达13.7m，检修上下通行十分困难；受弧形钢闸门形状影响，无法安装竖直的简易通道；又因受闸门斜支臂和液压启闭机安装位置影响，闸墩侧可利用空间不足0.3m，闸室可利用空间较小，无法安装一体式固定通道；对水闸的检查、维修中需要人员、设备上下的，有时采简易的梯子上下，有时通过下游消力池内的船只登上闸室或闸底板上，安全性极差，对设备和人员安全带来极大隐患和工作不便，同时上下水闸也给耽误较长时间，给管理、施工带来极大不便。

经调查统计，有大型弧形钢闸门水闸管理单位解决上下水闸的技术或方法有：

(1) 通过在边墩处预留的上下通道进出人员与设备，尤其是大型水闸有弧形钢闸门的管理单位大多采用该方式。

(2) 使用下游消力池内的简易船只通行。由于开闸放水影响，下游放水时船只必须清除，所以船只一般都是从附近临时调用的小渔船，船体较小，行驶摇摆度大，极不安全。

(3) 受大型弧形钢闸门斜支臂及启闭机安装影响，两侧空间小、闸门形状不规则的限制无法安装固定通道的管理单位，而采用临时性的梯子或吊车（图C.1）等方式上下，由于梯子太长也极不安全，吊车上下费用太高，且响应时间较长。

图C.1　吊车式上下施工

根据水闸工程日常管理、施工和安全生产管理的需求并结合当前的科学管理发展来看，管理单位需及时采取有效措施，严禁安全隐患；从安全管理着手，精心设计，针对水闸上下作业面高差大、受弧形闸门斜支臂及液压启闭机安装后空间小，以及水闸工作环境及运行特点，设计制作出具有组合通道的水闸。通过仔细研究、分析、对比和完善，以及反复试验、实践操作和改进，克服技术瓶颈，推出具有组合式通道的水闸。

C.1.2　研发目的

由于受经费、技术等原因影响，水闸室上下通行基本靠小渔船、梯子或吊车吊运，存在很大安全隐患，调运船只浪费大量时间、人力、物力和财力，效率低下、保障性不高，与新形势下科技水利思想和先进的管理方式不符。因此，为了解决上述问题，由骆马湖水利管理局成立科技研究小组（简称研究小组），由陆鹏飞高级工程师任组长，由淮河工程集团有限公司宿迁分公司（以下简称公司）高级工程师吴加涛、嶂山闸管理局工程师王君以及电工、电焊工等为成员开展工作，骆马湖局和公司相关人员也给予重要指导。

研究小组提出使用一个安全的、便利的、操作简单的、造价较低的，且兼容性好的设备，以解决水闸日常运行管理和施工的需要。

本项目旨在创新理念、创新技术、创新办法，设想研制出具有组合式上下通道的水闸设备，以弥补现行粗放式的、被动的工作方式。最终目的就是提高管理单位闸上下通行能力和安全性，杜绝高空坠落、物体打击、淹溺等伤害事故，使水闸管理单位能够给管理人员、施工人员精神上的安全感、成就感。

C.1.3 研发思路

通过提出问题、分析问题、模型试验、对比论证及再分析论证，具有组合式上下通道的水闸既要满足日常正常启闭工作运行要求，又有较高安全稳定性、通过可靠性、较强的系统兼容性，操作方便、故障率低且成本低。选择能适应工程所在地运行环境的材料，最大限度减小外界环境因素的影响，便于安装维护，外观美观，能够保证设备调运更加自如，可以实时检查设备工作状态，节约日常维护成本，切实提高水闸工程管理现代化水平。

据此研发思路，仔细分析研究该设备的构造和实际工作环境，通过科学设计和选材，做模型试验，对设计方案、选用材料进行反复试验和改进。在质量改进过程中采用 PDCA 循环改进原则，即策划（plan）（确定方针、目标和活动计划）、执行（do）（实现计划中的内容）、检查（check）（总结执行计划的结果，找出问题）、行动（action）（对总结检查的结果进行处理）。经过多次研发和改进，在前期调研及实验的基础上，通过不断摸索实践，我们研究开发出具有组合式上下通道的水闸设备，该设备能够很好地解决目前存在的技术及管理上的难题。技术路线见图 C.2。

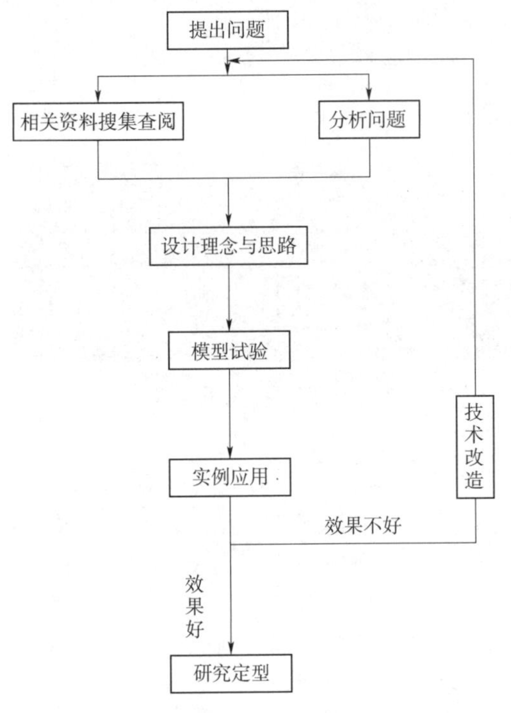

图 C.2 技术路线图

C.2 成果研究

C.2.1 研发过程

C.2.1.1 试验过程

第一阶段：研制初期。2015 年 3 月，提出该水闸的通道要具有多种功能，既要满足人员、设备上下的要求，又要满足高空横向检修的要求。最初设计出高强度、大跨度（11m）桁架，横担在两个闸墩上（图 C.3），中间有通道，可以满足人员高空横向检修要求；中间任意位置可以加装挂梯，可以实现人员上下到闸门上的要求。但是在试验中发现桁架跨度太大，横向人员行走时晃动也较严重，桁架体积大，质量较大，人员搬运较困难；挂梯长达9m，且是搭在闸门斜支臂上，晃动严重、行走困难，安全隐患较大。经商议，该设备取消挂梯，只作横向检修时使用。该方案试验后不可行。

图C.3 桁架式通道

第二阶段：2015年4月底，针对第一方案不足之处，加固横向桁架，增加竖向支撑，在桁架的一侧端头焊接一个梯子，长约7m，采用旋转机构连接，由电动葫芦提升或者放下，可直接连接闸门斜支臂上；电动葫芦吊下再吊一根10m长的钢制梯搭放至闸门上，形成简易组合通道，人员可在闸门上通行。在使用桁架时，需要大量辅助人员固定桁架，闸门上的梯子固定不牢固，人员上下极易滑倒，使用结束后，桁架收回难度较大，总体上评价为满足使用要求，但安全性、便利性、经济性较差，操作难度有点大，自动化程度低。

第三阶段：针对第二方案中不足，经分析、修改、完善，提出方案基本思路是随时可满足上下安全、便利通行要求，又不影响水闸正常启闭，同时便于保管维修，自动化程度高，易于操作。采用两段式设计思路，上段在闸门以上，可旋转，下段固定在闸门上，针对水闸是否开启决定上段旋转或升降，采用电动升降设备。

因涉及高空三级作业，增加安全防护设备，包括用电安全防护和高空作业防护。

所用钢材均为镀锌钢管、扁铁及不锈钢，以便于维护，钢丝选用优质热镀锌钢丝绳。

该阶段研制初期，提出设备设计方案。在确立了初步的设计思路之后，研究组立即开展相关试验；因经费所限，试验场所选在嶂山闸。试验之前首先明确了攻坚点：安全性强、使用便利、操作简便、维护简单、稳定性强，能够满足水闸运用的各种工况。

2015年5月，试验正式开始，并且给当时的闸门喷锌防腐和检测带来极大便利，到2015年10月，设备基本定型。

C.2.1.2 技术方案

自2015年3月，我们开始研究改进具有组合式上下通道的水闸设备。采集弧形钢闸门结构、液压启闭机安装位置、闸墩至胸墙再至闸室底板的具体高度、闸门启闭过程等相关数据以及闸室的工作环境，仔细研究和改进，通过对设计方案、设备运行可行性和可靠性进行反复试验和论证，从而研制出全新的具有组合式上下通道的水闸设备。该设备既要实现人员设备上下通行功能，又不影响弧形钢闸门的正常启闭，有效提高工作效率和安全系数，满足安全生产管理需求。

（1）工作原理。基本原理如下：人员设备上下时，先启动警示机构，再启动电动升降机构，旋转机构转动，移动通道向下旋转90°至竖直状态，移动通道转动到水闸闸墩处，在稳定器作用下，移动通道稳定在闸墩上，人员设备系上安全吊钩，通过移动式通道，从工作桥面经过胸墙处平台再经过固定式通道下至闸室，进行检修工作。若有较大、较重设备，可以通过电动葫芦吊装，检修完毕后原道路返回；人员返回工作桥面后，由电动升降机构提升移动通道拉回水平状态，由固定机构的可旋转钢板及挂钩将移动通道锁定，整个通道断电。水平放置后，水闸提升至工作桥以上高程时（即29.2m）与移动通道水平距离约 0.5m，不影响水闸启闭。弧形钢闸门移动式组合上下通道示意图见图 C.4。

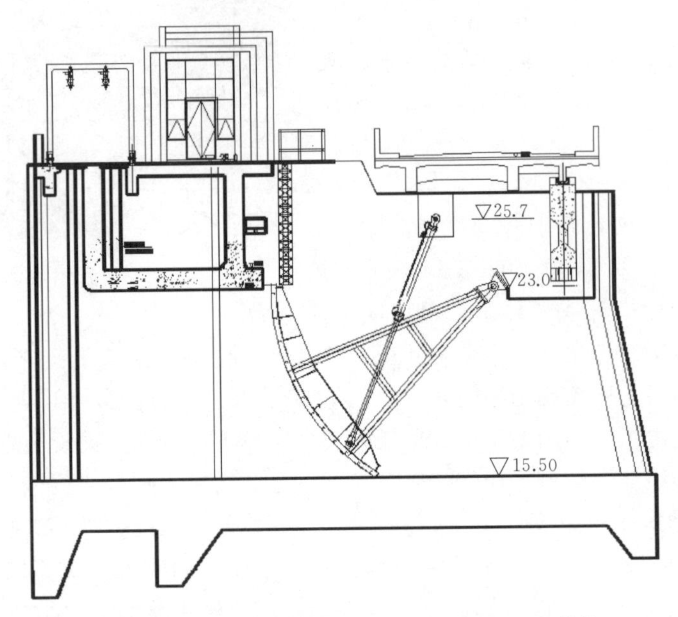

图 C.4　弧形钢闸门移动式组合上下通道示意图（单位：m）

（2）基本构造，见图 C.5，主要包括两个分部：一是设置于弧形钢闸门上的固定通道；二是在位于闸墩一侧的可旋转的移动式上下通道，移动式上下通道通常水平固定在工作桥护栏上，使用时可沿闸墩向下旋转 90°与固定式上下通道搭接，形成可供人员设备使用的组合式上下通道。

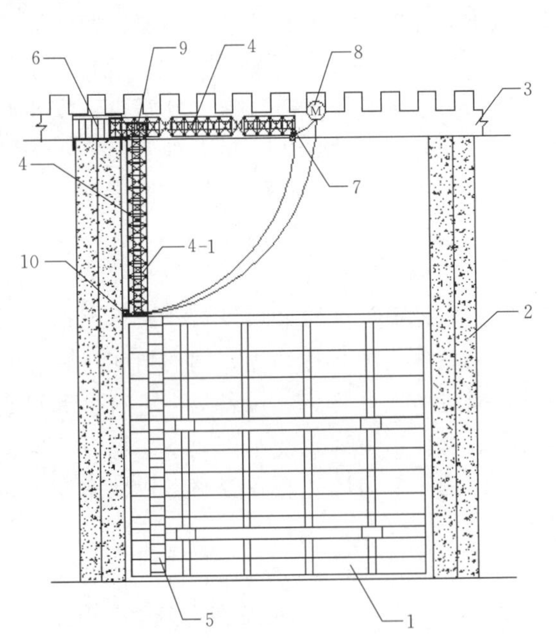

图 C.5　弧形钢闸门移动式组合上下通道基本构造示意图

1—闸门；2—闸墩；3—桥面；4—移动式上下通道；5—固定式上下通道；6—防护机构；7—固定机构；8—电动升降机构；9—旋转机构；10—稳定器

移动式上下通道包括：钢制梯、防护机构、固定机构、电动升降机构、旋转机构、稳定器、警示器、电动葫芦，钢制梯一端与旋转机构连接，另一端与电动升降机构连接，通过电动升降机构带动移动通道向下旋转 90°；稳定器设置在闸墩与钢制梯之间，使钢制梯保持垂直状态，减少晃动和对闸墩冲击；固定机构设置在工作护栏上，对水平复位后的移动通道进行锁定。

旋转机构由钢板和铰链组成，两端分别焊接闸墩上的三角钢和移动式通道上。固定机构包括固定钢板、可旋转钢板及挂钩，固定钢板上 90°和 180°方向上有两个凹槽，可旋转钢板上挂钩处有凸柱，固定时可以将挂钩旋转至 180°，凸柱和凹槽吻合，可以固定移动通道；降落移动通道前，旋转钢板至90°，凸柱和凹槽吻合，移动通道可自由升降。

下面具体对本实用新型做进一步描述：

如图C.5所示的具有组合式上下通道的水闸，包括设置于闸墩2之间的弧形钢闸门1，在位于一侧闸墩2的桥面3上安装有移动式上下通道4，弧形钢闸门1由上到下设置有固定式上下通道5，所述移动式上下通道4可沿桥面3向下垂直旋转90°与固定式上下通道5连接，形成可供人员设备通过的组合式上下通道。

所述移动式上下通道4包括：钢制梯4－1、防护机构6、固定机构7、电动升降机构8、旋转机构9、稳定器10，钢制梯7－1一端与旋转机构9连接，另一端与电动升降机构8连接，通过电动升降机构8配合旋转机构9带动钢制梯4－1沿桥面3向下垂直旋转90°；固定机构7设置在工作桥护栏3上，对水平复位后的钢制梯4－1进行限位；稳定器10设置在闸墩2与钢制梯4－1之间，使垂直放置的钢制梯4－1保持垂直状态，减少晃动。

固定机构7包括固定钢板7－1和安装在固定钢板7－1上的可旋转钢板及挂钩7－2，见图C.6。

旋转机构9包括有钢板9－1和铰链9－2组成，见图C.7。

稳定器10包括相距设置的固定钢板10－1，在固定钢板10－1之前焊接有缓冲弹簧10－2，见图C.8。

备用设备升降机构，主要由电动葫芦和吊篮组成，可以吊装质量较大的设备。

警示器，主要是声光警报器与升降机构供电系统连接而成，通道工作时，警报系统一直处于报警状态，以防闸门不当开启。

防护机构安全缓降设备包括移动式通道和固定性分别设备安全带。

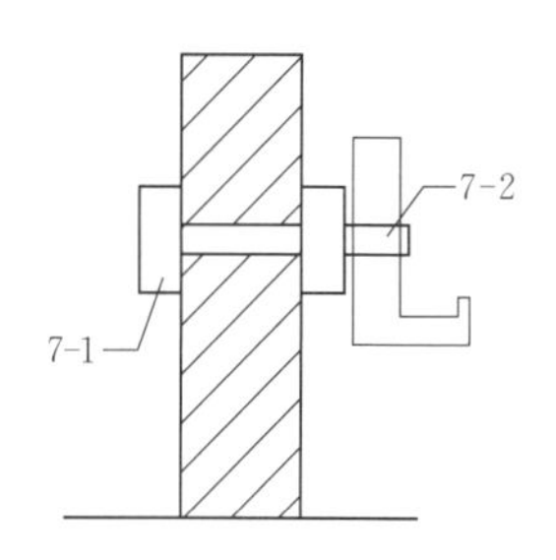

图C.6　固定机构示意图

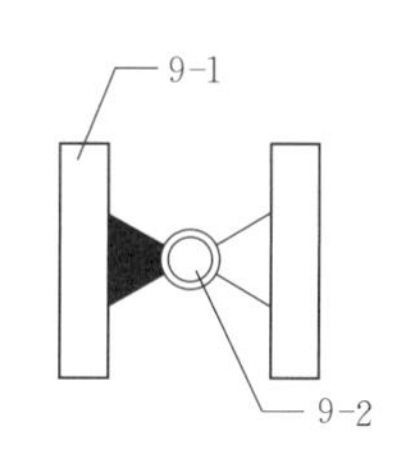

图C.7　旋转机构示意图

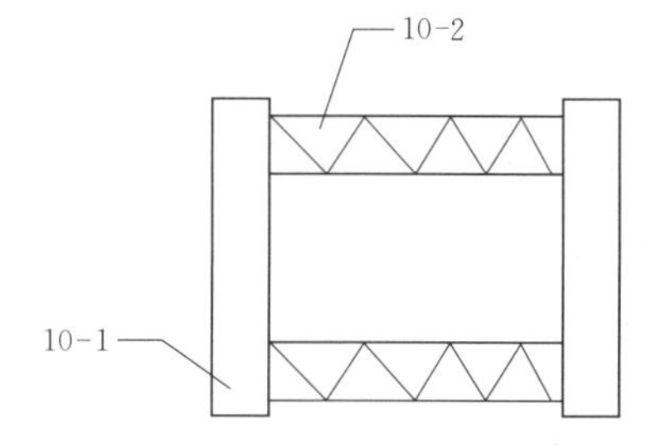

C.8　稳定器示意图

（3）设计参数确定及制作过程。

1）移动通道及固定通道固件制作。移动通道及固定通道固件是该装备中重要组成部分，是实现人员设备上下的通道，是实现装备功能的主要构件，其特点是加工工作量大，构件尺寸较大焊接要求高，因受闸下水环境影响对材质要求高。通过性能对比，机架材料选择了具有较高强度、较好塑性性能和良好综合力学性能的低合金钢。根据工作现场环境，通道设计要本着“安全、稳定、便利、高效、美观”原则，合理布局设备结构，设计出桁架式移动通道，通道全长6.2m（包括1.2m防护栏），通道正前方焊接轻型合金梯子一副，最下方焊接钢板及防护网，右侧预留1.8m高的出口，通到钢闸门上侧的胸墙平台，平台处安装防护栏至闸门固定通道处，固定通道直接焊接在闸门上，并通到闸室底板上。

2）驱动电源选择。在通道处有启闭机室，内有220V和380V交流电。综合考虑动力与安全等因素，选择220V交流电，由启闭机室控制柜直接引出，在电动机处高墙设置挂式控制柜一个，连接电动机、减速器和电动葫芦，电动机、减速器和电动葫芦采用防护罩保护，同时连接至接地设备上。通过实验，此电源设置完全能满足日常工作需求。

3）警示及安全防护设备的制作和安装。在做该设备安全分析时，我们注意到水闸最高处至闸室闸底板高差达13.7m，属于三级高空作业，危险性较高。具体分析了可能存在的危险和伤害，主要有高空坠落、物体打击、触电、通道失稳倾翻、机械伤害、起重伤害，针对以上伤害我们做了具体的安全防护措施。

设计了警示系统。警示系统可以有效防止在使用组合通道过程中发生闸门开启的事故，系统设置于设备现场、现场启闭控制室和集中控制室共三处，通道开启和使用状态时三处警示器均打开，以防现场或远程开启；设备在非工作状态，移动通道处于水平状态并锁定时，警示系统关闭，弧形钢闸门可以开启；当设备处于工作状态时，人员设备正处于闸室或通行状态，不可开启闸门，此时警示灯有声光警报，以防其他操作人员误开启水闸，确保安全。

设备安全防护措施主要有：一是移动通道采用管式结构，给通过的人员更好保护；二是通道上方超出闸墩以上的部分设置1.2m高防护栏，以防人员跌落；三是分别在移动通道和固定通道的顶端设置人员设备缓降安全带，若发生人员快速掉落，可以迅速拉住；四是在移动通道底部加装安全防护钢板，以防失足坠落；五是在移动通道出口至胸墙平台上安装护栏（该处至闸室底板高8.0m），以防坠落；六是弧形钢闸门上固定通道采用焊接方式连接，以防止失稳倾翻；七是电机、减速器、电动葫芦与控制按钮全部装在密封专用防护箱内，以防漏电、触电等事故伤害。

4）升降系统的设计和制作。移动通道在非工作状态是水平放置，工作状态下是竖直放置，需要升降系统来控制。升降系统主要包括电动机、减速器、优质钢丝绳、电动葫芦、控制器几个主要部分。选用220V电源，电动机和减速器直接相连，固定在工作桥钢筋混凝土护栏上，采用钢板焊接固定墙上，电动机和减速器由控制箱保护安装在钢板上，满足强度和震动防护要求；采用优质钢丝绳连接减速器和移动通道的最下面端头上挂钩，总长10m，露空长度7.85m；在闸墩上安装电动葫芦一个，以备运送质量较大的设备。

根据设计技术要求，设备要双向运行。我们在设计时就确定了上升、下降、停止等功能按钮和指示灯。为实现集中自动控制，我们对自动控制单元的控制线路进行了调整，我们把上升、下降和停止整合到一个控制旋钮上，设备可实现“上升—停止—下降”功能，控制线路上采用双重联锁正反转控制电路，两个接触器互相制约，使得任何情况下不会出现两个线圈同时得电的状况，起到保护作用。

5）辅助设施。在满足通道使用安全性同时，还要进一步增加其稳定性、可靠性。为了保险起见，采取两套同样独立配置的硬件或软件等，以确保在其中一套系统出现故障时，另一套系统能立即启动，代替工作，在设计中对关键环节采取冗余设计原则。

一是在移动通道非工作状态时，钢丝绳和减速器一直处于受力状态，存在安全隐患，为此设计一个固定机构。固定机构首先满足能够承载移动通道的质量，其次，不能妨碍移动通道的升降。固定设备安装在工作桥钢筋混凝土护栏上，通道侧转盘上有挂钩（转盘内侧有凸柱），转盘可90°旋转，转盘90°和180°有凹槽，固定移动通道时只需要将挂钩旋转

180°处，凹凸槽重合，即可锁定；若需要升降移动通道，只要将挂钩旋转至90°处，凹凸槽重合，通道即可下降。

二是在固定移动通道之前，先把1.2m长角钢固定在闸墩上，并且焊接两个旋转机构，旋转机构另一侧焊接在移动通道上；考虑到整个移动通道较重，若发生倾覆，会影响人员和水闸的安全，所以在闸墩另一侧，再固定1.2m角钢一根，并通过钢丝绳和移动通道挂钩相连，以防移动通道突发失稳掉落闸下。

三是移动通道落下时会撞击闸墩，所以设计缓冲设备两套，采用四根高强弹簧与两片钢板焊接而成，有效缓解撞击闸墩及移动通道晃动的问题。

6）自动化扩展及兼容设备的设计和制作。在研究设计该设备时，提出三种开启方案：一是采用现场手动开启设备，这是独立开启方案；二是该设备控制系统连接水闸集中控制系统，编写独立的开启程序，增加中间电磁继电器、视频摄像系统，实现现场自动开启；三是采用远程自动开启，在水闸集中控制室启闭，可实现自动化安全操作。

（4）技术参数。

1）通道尺寸。移动通道尺寸：1000mm×1000mm×6200mm；固定通道尺寸：800mm×9900mm，垂直高度：8000mm。

2）升降电机。工作电压为220V，额定功率为2.2kW，额定转矩为2.3N·m，额定转速为2800r/min，减速比为6∶1，运行速度为6m/min。

3）蜗轮减速机。布局形式为同轴式，输出形式为双向轴输出，速比为40∶1。

4）移动通道上升、下降时长约50s，准备时长约60s（主要是警示灯，上下时间巡视，机器状态检查），单人通过时长（可两人同时通过）为40s。

C.2.2　成果论证

2015年6月底完成具有组合式上下通道的水闸设备安装后，我们对设备试运行了6个月，期间定期或不定期到现场升降、自动控制操作等，评估各方面性能，包括：运行管理是否安全，操作运用是否稳定，控制操作是否简便，设备维护是否简单等。

2015年12月中旬，对试运行情况进行了总结、分析、评估，得出的结论是：具有组合式上下通道的水闸设备运行管理性能良好，安全性能高，运行可靠稳定，操作简单方便，维护保养费用较低，可扩容性强，拆装方便，是一个安全可靠、方便实用、经济实惠的技术方案。2015年12月以来，我们在嶂山闸上正式推广应用。

C.3　技术难点及解决和实现方法

C.3.1　在空间小、形状不规则且不影响水闸启闭的弧形钢闸上实现人员设备通行

技术难点：由于嶂山闸采用弧形钢闸门，闸门净宽10m，净高7.5m，自重26.8t，共有四个斜支臂支撑闸门，胸墙底部高程8m；斜支臂与闸墩间距约为1.0m，闸门上共安装有两台液压启闭机，与闸墩距离约为0.3m；且启闭机上还有软管及开度仪等相关设备，离闸墩距离较近，闸墩上无法安装通道。

解决办法：针对可利用空间不规则、空间小的问题，采取分段式设计、错位连接模式解决，即移动式上下通道和固定式上下通道相结合的水闸设备。移动式通道与固定式通道连接点选择在胸墙平台处，采用错位搭接，以解决空间不规则问题。

移动通道工作时，放下移动通道，与钢闸门上的固定通道相结合形成上下通道，人员

可以自由上下水闸，此时水闸不应启闭，警示器工作；不使用通道时，由电机将通道提升其至水平状态，并由固定机构锁定，切断通道升降机构电源，弧形闸门提升时与水平放置移动通道有一定距离，移动通道全部在闸门和胸墙以上，不受弧形闸门及其上面的启闭机系统的影响，闸门可以随时开启；固定通道焊接在闸门结构梁上，可随水闸上下，不影响水闸结构和运行的安全，结构牢固。

C.3.2　三级高处作业，且中间有换不同通道，要有效保证人员设备通过的安全性和舒适度

技术难点：从水闸工作桥到闸室高差为13.7m，属于三级高处作业，如何保证工作安全至关重要。在从6.2m高移动通道下至胸墙平台处，然后再转至固定通道（展开面长度9.9m，净高7.5m）时，如何保证安全通行也需解决。

解决办法：在安全与设备稳定性方面，设计采取冗余设计原则，即采用多种手段保证需求。在有人员设备通过的地方，全部采用1.2m高的护栏防护，不留死角；移动通道采用四维度管式结构，有效防止失足、滑落等意外发生；有垂直通过的地方，包括移动通道和固定通道顶端，全部挂上安全带保护；梯子全部采取防滑材料和涂层；较重设备，可以用电动葫芦吊运，人员设备分开吊运更安全。

C.3.3　移动通道跨度较大，且位于潮湿的水闸上，要确保设备安装到位、安全运行，且保证设备长期安全稳定

技术难点：移动通道重达180kg，安装于13m高且悬空的闸墩上，在闸上不能使用大型设备，难度较大；移动通道长6.2m，如何固定、稳定移动通道十分重要，在下降过程中，如何保证移动通道顺利靠近闸墩且不损坏闸墩也需要解决。

解决办法：在安装移动通道之前，先在闸墩两侧固定两根角钢，再焊接两套转动机构，再用钢丝绳与移动通道连接固定，以防移动通道失稳急速下落；由于移动通道下降时会冲击闸墩，危及闸门和闸墩安全，为此在移动通道的端头安装两个稳定器，每个稳定器由四个弹簧和两片钢板焊接而成，具有缓冲和稳定作用，保护设备与闸墩。

闸室下游有消力池，上游是骆马湖，环境十分潮湿，闸室上方有交通桥，长年有杂物散落撞击闸下结构，做好设备的防腐等防护工作十分重要。结合2015年和2016年闸门防腐施工，对全部设备进行防腐喷锌，电机控制箱采用密封性能较好的材料，有效保证设备的正常运行。

C.3.4　实现集中控制，并保证设备安全、可靠运行

技术难点：该设备可以实现单系统控制，但与水闸自动化要求仍然有差距，如何将该设备融入水闸集中控制系统，实现在集中控制室远程控制需要研究。

解决方法：设计初已经设计三套升降方案：①单独控制升降；②该设备连入水闸控制PLC，可以现场自动启闭；③在集中控制室利用远程控制系统升降。

设计中，全部采用市场上比较成熟的技术经验：设备升降主要利用交流电机涡轮减速技术，接线方式主要根据电动机正反转的工作原理；其次根据工作目的，制作了便于集中控制的操作柜，将双向运行的自动控制线路进行整合；在控制柜中增加中间继电器，实现控制开关自动开启功能。

C.4　技术特征及主要创新点

C.4.1　技术特征

C.4.1.1　空间利用率高

弧形钢闸门的斜支臂与闸墩最近处不足0.5m，液压启闭机距离闸墩不足0.3m，闸门启闭旋转也影响通道设置；该设备将可旋转式收放的通道设置至水闸胸墙处，再由胸墙处的平台连接至固定在闸门上的固定式通道上，设备布局突破闸室空间的限制，空间利用率高。

C.4.1.2　安全可靠

具有组合式上下通道的水闸设备很好地解决了使用小船、梯子和吊车来实现人员设备上下的问题以及带来的安全问题，充分体现我们以人为本的安全生产管理理念，确保水利工程安全运行。

首先，将移动通道安装在闸墩上，强度高、稳定性好，能够满足设备应力需求；其次，整个设备使用的全是高强度、高塑性的、有着良好综合力学性能的低合金钢，布局结构合理，通道、连接部分等多处采用辅助固定方式，保证能承载足够大的重量；再次，设备整体喷锌，防腐效果较好，适应野外环境；又次，关键部分采取冗余设计，安全可靠；最后，可以采用CPU控制开启电路，实现正—反—停工作，安全方便。

C.4.1.3　便利性、快捷性

对于没有预留通道的水闸管理单位，一般采用简易的梯子上下或通过下游消力池内的船只登上闸室或闸底板上，耗时数小时和大量人力，运行管理上极其不便；但是通过该设备的移动式上下通道和固定式上下通道的搭接，只需要5min就可以实现人员与设备快速安全通过；闸门启闭时只需要将移动式上下通道收起至护栏处，无需拆卸，且不影响水闸正常启闭，十分快捷。

C.4.1.4　实用性强

本设备具有结构简单、操作容易、可靠性好、运行平稳可靠、安全性高、安装维修方便等优点。普通工人简易培训即可操作，最大限度保证水闸管理和维修人员安全，还能极大减小安全隐患发生概率，大大促进了水闸规范化、科学化、精细化运行管理和维护。

C.4.1.5　性价比高

本设备造价较低，设备制作成本价在12000元左右（材料费约4000元，人工费4000元，其他费用4000元），故障率低，且便于维修。它能将人员设备快速运到闸上、闸下，安全性高、工作方便，日常维护简单、管理成本低。在日常维护中主要是除锈防腐，更换小零件；设备便于拆卸，更换方便，备品备件的用量小。

C.4.2　主要创新点

（1）针对闸室未预留竖直检修通道的问题，首次研发了旋转式收放的竖直检修通道，妥善解决了闸门启闭与检修通道设置的矛盾。

（2）首次采用分段式、错位连接方式克服闸室空间小、形状不规则因素影响，极大提高了空间利用效率。

（3）利用远程集中控制系统开启检修通道，采用电动变频调速技术，固化开启关闭线性行程模式，有效保证检修通道运行安全。

（4）该设备稳定性高、操作简便、易于制作安装，系统兼容性好，可以与集中控制系统有效融合。

（5）该设备所需要的材料和设备全是水闸管理单位常见的，根据管理需要可以快速地制作安装，方便了水闸日常管理和维护，为水闸管理提供强有力的保障。

C.5　技术成熟程度

具有组合式上下通道的水闸设备的应用技术是在不断试验、不断应用的过程中应运而生，经过长时间运行检验，桁架成型、电动机正反转、机械传动、声光警报、弹簧减震、焊接等关键技术均已在各领域成熟运用，各环节制作简单、通俗易懂，且运行稳定、可靠；因此，本项目所运用的技术是安全、成熟、先进、实用的。专利号：ZL 2016 2 0242629.1（附专利证书）。

证书号第5565529号

实用新型专利证书

实用新型名称：具有组合式上下通道的水闸

发　明　人：陆鹏飞；丁铮；吴加涛；张乾燕；王君

专　利　号：ZL 2016 2 0242629.1

专利申请日：2016年03月28日

专　利　权　人：淮河工程有限公司宿迁分公司

授权公告日：2016年09月21日

本实用新型经过本局依照中华人民共和国专利法进行初步审查，决定授予专利权，颁发本证书并在专利登记簿上予以登记。专利权自授权公告之日起生效。

本专利的专利权期限为十年，自申请日起算。专利权人应当依照专利法及其实施细则规定缴纳年费。本专利的年费应当在每年03月28日前缴纳。未按照规定缴纳年费的，专利权自应当缴纳年费期满之日起终止。

专利证书记载专利权登记时的法律状况。专利权的转移、质押、无效、终止、恢复和专利权人的姓名或名称、国籍、地址变更等事项记载在专利登记簿上。

局长
申长雨

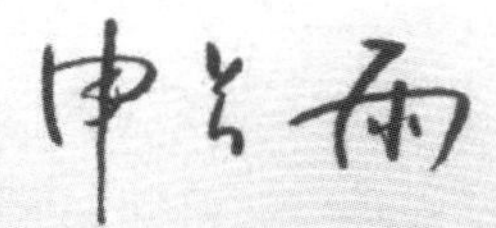

第1页（共1页）

附录D 水闸检修门启闭操作无线遥控装置

D.1 总论

D.1.1 研发背景

检修闸门及启闭机设备是水闸工程的重要组成部分，其组成部分多，结构复杂，尺寸较大，位于启闭机房外，配电操控箱安装在启闭机的一侧，配电操控箱锈蚀严重，线路老化。运行管理过程中，检修闸门多为应急使用或检修使用，因此要求操作简便灵活，安全可靠。检修闸门启闭机设备为移动式，有多台电机联合驱动进行操作。运行方式为操作人员拿带电线手柄操作，且现场同时需指挥人员和观察人员协助操作，操作一次费时费力，检修门启闭位置不准确，重复操作率高，易发生启闭事故，危及设备安全和人员安全，雨雪天气下操作，易发生触电事故。水管单位也普遍意识到检修闸门启闭机设备运行方式的弊端，给设备的运行管理带来了很大麻烦，存在着运行管理成本高、设备使用复杂、安全隐患、控制箱表面锈蚀密封不严、带电线的操作手柄不防水、外观不美观等诸多缺陷和不足，不利于水管单位的水利工程管理。为切实解决上述问题，提高现代化管理水平，需在水闸检修门启闭设备操作上进行创新。

D.1.2 研发目的

现检修门启闭设备运行方式为操作人员拿带电线手柄操作（控制手柄为带电部分），且现场同时需指挥人员和观察人员协助操作，操作费时费力，雨天操作易发生触电事故，因此，需要提高设备操作的灵活性，简单、安全操作，降低运行成本，保证安全运行。

检修闸门因装配误差、环境影响、维护差异等原因，钢丝绳两吊点高度不一致。检修门启闭设备运行时，出现检修门倾斜、卡槽、磨损、碰撞等现象。因钢丝绳两吊点只能同时升降，无法实现单吊点高度微调，重复操作率高，易发生启闭事故。因此，需要实现钢丝绳单吊点微调，确保两吊点高度一致，检修门能够启闭位置准确。

配电操控箱锈蚀严重，线路老化，不美观。密封差，箱内多灰尘、鸟窝、树叶等杂物，易引发线路短路、失效等不良影响。因此，需要对配电操控箱进行改造，确保持久、耐用、美观，改善其密封情况，分类归置电器元件及线路。

传统的启闭机设备操控模式主要依靠人工操作，运行管理粗放，科技含量低，因此，需要运用现代科学技术，提高其科技管理水平。

D.1.3 研发思路

通过分析、对比和论证，水闸检修门启闭操作无线遥控装置必须能实现钢丝绳单吊点高度微调，检修门起吊一致、平稳，位置准确，启闭设备移动灵活、安全，同时能够满足操作简单，确保人员安全，外观整洁美观。研发远距离无线遥控技术替代传统设备运行模式，实现在安全区域内远距离无线遥控操作检修门，无线遥控器做防水设计，雨雪天也能够安全操作，故障率低，减少日常维护频率，提高运行管理水平。

根据上述研发要求，对比、参考现有先进的无线遥控技术，分析研究原启闭机设备的构造结构，结合设备实际的工作环境，不断优化改进设计，制作试验模型。在选用材料和电器元件、频率信号传输与控制、电器元件匹配、改码器使用、安全保护装置设置等方面进行了反复的试验和研究，最终研究开发出了水闸检修门启闭操作无线遥控装置。技术路线见图 D.1。

D.2 成果研究

D.2.1 研发过程

D.2.1.1 试验过程

在经过市场调查和问题分析后，研发人员明确了设计目标，提出了初步的设计构想，即省掉操作手柄传输电缆，增加无线遥控技术。

2013 年年底，开始进入研发阶段。研发人员查询资料，调查市场，创新思维，进行电器元件线路设计。根据设计原理，建立了试验模型，初步设计完成检修门启闭机设备无线遥控装置。

为了保证安全载流量，且设备经久耐用，总进电线路选用 $6mm^2$ 铜芯线缆，辅助线路选用 $2mm^2$ 铜芯线缆；为了能够实现自动接收频率信号，并准确发出信号指令，增加发射接收器，同时设计改造相匹配的无线遥控器，实现无线遥控操作；为增加安全操控距离，适当加长遥控天线，改进信号接收装置，增强信号发射接收强度，实现远距离无线遥控；为避免出现紧急情况烧毁线路和电器元件，设置紧急安全保护功能，必要时，一键断电，紧急停止工作；启闭设备运行时，防止出现触碰遥控按钮，设置磁力遥控器保护锁，锁定后遥控器只按已发出的指示命令工作，其他指令按钮无效。

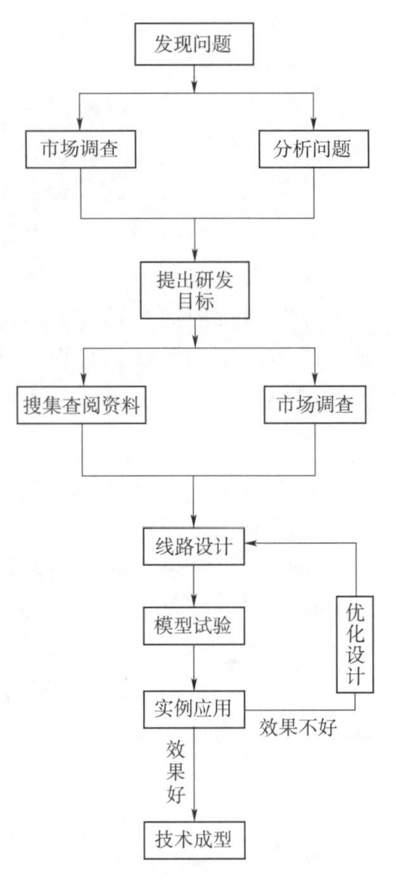

图 D.1　技术路线

经过一段时间的试运行，初步设计的无线遥控装置，满足了初步设计的构想和目标，但也发现存在以下问题：

（1）检修门启闭设备运行时，检修门倾斜、卡槽、磨损、碰撞等现象未得到解决。因装配误差、环境影响、维护差异等原因，钢丝绳两吊点高度不一致，钢丝绳两吊点只能同时升降，无法实现单吊点高度微调，出现闸门微斜。

（2）检修门启闭运行重复操作率高，易发生启闭事故。

D.2.1.2 技术方案

鉴于以上设计缺陷，自 2014 年年初，研发人员开始优化设计，改进检修门启闭设备无线遥控技术。

研发人员针对发现的问题，多次商讨解决办法，并反复模拟实验和论证，终于提出了解决方案，即设置钢丝绳单吊点高度微调控制功能，增加钢丝绳单吊点高度控制元件，发射接收器增加其频率信号发射接收模块，改进控制线路，实现了钢丝绳单吊点高度微调，保证闸门高度一致，平稳准确启闭就位。

(1) 工作原理。水闸检修门启闭操作无线遥控装置的工作原理是通过无线遥控器将操作人员的操作指令经过数字化编码、加密后，将无线信号传递给发射接收器，发射接收器接到指令，经解码转换后将控制指令还原，同时通过连接传输线路，传递给交流接触器，不同的交流接触器元件根据不同的动作指令供断电，以完成启闭机移动、钢丝绳两吊点同时升降、单吊点微调切换、应急安全保护等功能，实现对设备的控制。同时，要求在强磁场、强电场和无线电信号复杂的环境中具有抗干扰能力。

传统检修门启闭操作流程见图D.2～图D.4。

图D.2　第一步 操作人员通过扶梯拿到传输线缆及操作手柄

图D.3　第二步 现场进行启闭操作，需指挥、观察、拿电缆线人员同时作业

水闸检修门启闭操作无线遥控装置操作见图D.5和图D.6。

图D.4　第三步 作业完成后，操作人员须将传输电缆和操作手柄放回配电箱

图D.5　无线遥控，一人即可操作

(2) 设计理念。检修门启闭操作无线遥控装置采用无线遥控发出多频率信号控制多功能，尤其实现了钢丝绳单吊点高度微调，达到闸门启闭简单、精确、安全的设计理念，在满足正常运行管理要求的基础上，考虑操作简单、使用寿命长、性价比高和实用性强的特点，使该装置能够推广应用。

同时，对频率信号进行加密设置，防止恶意仿制遥控器，擅自启闭检修闸门。

图 D.6 实现单吊点高度微调

D.2.2 成果论证

水闸检修门启闭操作无线遥控装置技术成型后，在黄庄排灌闸试运行了 4 个月，选择在不同天气、不同时间段、不同距离进行现场启闭操作，评估无线遥控装置的稳定性、实用性和安全性能，包括遥控器是否能够远距离准确控制、是否能够单吊点高度微调、是否能实现快慢速切换控制、是否能实现两吊点快速同时升降、检修门启闭是否能够实现位置准确且平稳、雨天操作防水性能验证、安全防护装置启用、一人操作的可行性等。

2014 年年底，对试运行情况进行了总结、评估，得出的结论是：水闸检修门启闭操作无线遥控装置运行稳定，遥控器无线遥控距离达 100m，能够实现两吊点快速同时升降，能够精确调整钢丝绳单吊点高度，能够快速实现快慢速切换控制，检修门启闭准确平稳，防水性能好，安全防护装置有效，一人可独立完成启闭操作过程。2015 年年初，黄庄倒虹吸穿涵闸安装了水闸检修门启闭操作无线遥控装置。

D.3 技术难点及解决和实现方法

D.3.1 功能设计

技术难点：针对原启闭机设备运行中存在的问题，通过市场调查和问题分析，研发的新装置应该包含方向控制、快慢速切换控制、紧急安全保护、磁力遥控器锁等功能，但功能越多，需要的电器元件越多，线路设计越复杂，配电控制箱占空间越大，投入越大，在此限制条件下，如何保证功能尽可能强大，是研发过程中的一个难题。

解决和实现方法：研发人员根据检修门启闭设备运行管理需要，进行了功能需求分析，紧急安全保护、磁力遥控器锁、方向控制、钢丝绳两吊点同时升降等功能为必需功能，且通过增加相应电器元件，改进线路设计实现。为保证检修门平稳精确就位，钢丝绳两吊点同时快速升降不能满足运行要求，研发人员提出了钢丝绳单吊点高度微调控制功能，再次优化线路设计，通过模拟实验和现场操作，同时进行了成本投入分析，该功能性价比较高。

D.3.2 线路设计

技术难点：本装置功能多，需要更多频率信号传输控制，必须保证各电器元件及线路准确连接。如何优化设计，使各电器元件及线路连接准确，线路布设合理，是研发过程中的一个难题。

解决和实现方法：研发人员根据功能需要，同时不断模拟实验，对比选择符合要求的接触器、发射接收器、线缆等，并匹配相互之间的性能指标，出现问题，及时进行技术改进和线路优化，直至各项技术指标稳定，保证各电器元件及线路连接合理准确。

D.3.3 线缆选用

技术难点：线缆是该装置设计中重要组成部分，其经久耐用、保证安全载流量是基本要求，因此，选择合适的规格型号，同时不因规格型号过高而浪费，是研发过程中的一个难题。

解决和实现方法：线缆规格信号的选择取决于电机总功率的大小。从安全使用角度考虑，按6台电机同时工作的功率计算，得出理论的线缆规格型号。同时，研发人员反复模拟实验，在装置试运行期间观察、总结使用情况，最终得出线缆需要的规格型号。

D.4 技术特征及主要创新点

D.4.1 技术特征

D.4.1.1 操作简单

远距离无线遥控装置仅需一人即可操作，无需现场指挥、观察、拿电缆线人员，通过遥控器控制启闭机移动和钢丝绳升降，省掉传输电缆，劳动强度大大降低，启闭作业更为快捷、方便、直观。

D.4.1.2 启闭平稳精准

钢丝绳两吊点同时快速升降能够保证检修门基本到位，通过单独频率信号控制，快慢速切换，实现钢丝绳单吊点高度微调，直到钢丝绳两吊点高度一致，实现启闭机移动位置准确，保证检修门平稳完全就位。

D.4.1.3 安全可靠

研发远距离无线遥控技术替代传统设备运行模式，实现在安全区域内远距离无线遥控操作检修门，无线遥控器做防水设计，雨雪天也能够安全操作，确保人员安全。启闭设备运行时，检修门平稳准确就位，避免出现检修门倾斜、卡槽、磨损、碰撞等现象，确保设备安全。配电操控箱采用不锈钢材质制作，密封好，耐锈蚀，同时，对箱内进行改造，选用性能稳定的电器元件，合理设计线路，分类归置，避免箱内出现灰尘、鸟窝、树叶等杂物，引发线路短路、失效、烧毁设备等，箱内电器元件及线路运行安全。

D.4.1.4 适应范围广

本装置还具有较好的适应性，所有手持带电缆操作手柄控制的检修门启闭设备都可以按照本装置的设计原理进行设计更换。本装置安装简单，操作灵活、便捷，管理人员无需专业培训即可操作，且需用人员少，一次性投入少，适应范围广，能够极大提高水管单位的管理水平。

D.4.1.5 性价比高

本装置造价相对较低，成本价为每台（套）6000元左右。本装置能极大减少操作人员的劳动量和劳动强度，较小重复操作的频率和故障率，配电操控箱密封情况好，运行平稳，基本不需要日常管理和维护。使用寿命长，遥控器、电器元件寿命达到150万次遥控以上，一次投入，长期受益。

D.4.1.6 实用性强

远距离无线遥控技术替代传统设备运行模式，遥控器无线遥控距离达100m，能实现钢丝绳单吊点高度微调，检修门起吊平稳，位置准确，启闭设备移动灵活、安全，防水性能好，安全防护装置灵敏有效，同时操作简单，确保人员安全，外观整洁美观，工作效率高，不受外部环境影响，实用性强。

D.4.2 主要创新点

（1）水闸检修门启闭操作无线遥控装置，省掉了操作手柄传输电缆，增加发射接收器，设计改造相匹配的无线遥控器，遥控器上设置方向控制按钮、微调控制按钮、紧急安全保护按钮、磁力遥控器锁，遥控操作简便、快捷，设计领先国内检修门启闭设备操控技术。

（2）设置钢丝绳单吊点高度微调功能，在配电控制箱内增加钢丝绳吊点高度控制电器元件，增设吊点高度控制频率信号，实现钢丝绳吊点上下微调，保证两侧吊点高度一致，检修门平稳准确就位。

（3）安设总控接触器，接收紧急安全保护频率信号，遇紧急情况，启动紧急安全保护装置，所有线路处断电状态，设备停止工作。

D.5　技术成熟程度

水闸检修门启闭操作无线遥控装置由研发人员精心设计，反复模拟实验后技术成型，并在黄庄排灌闸试运行4个月。经过在不同条件下的反复试运行和总结，线路设计运行正常，发射接收器工作稳定，自动接收频率信号正常，钢丝绳单吊点高度微调精确，遥控器设计使用合理，防水性能好，关键技术已在各领域成熟运用，装置安装简单，且运行安全稳定。因此本装置所运用的技术是成熟、先进、可使用的。专利号：ZL 2016 2 0581651.9（附专利证书）。

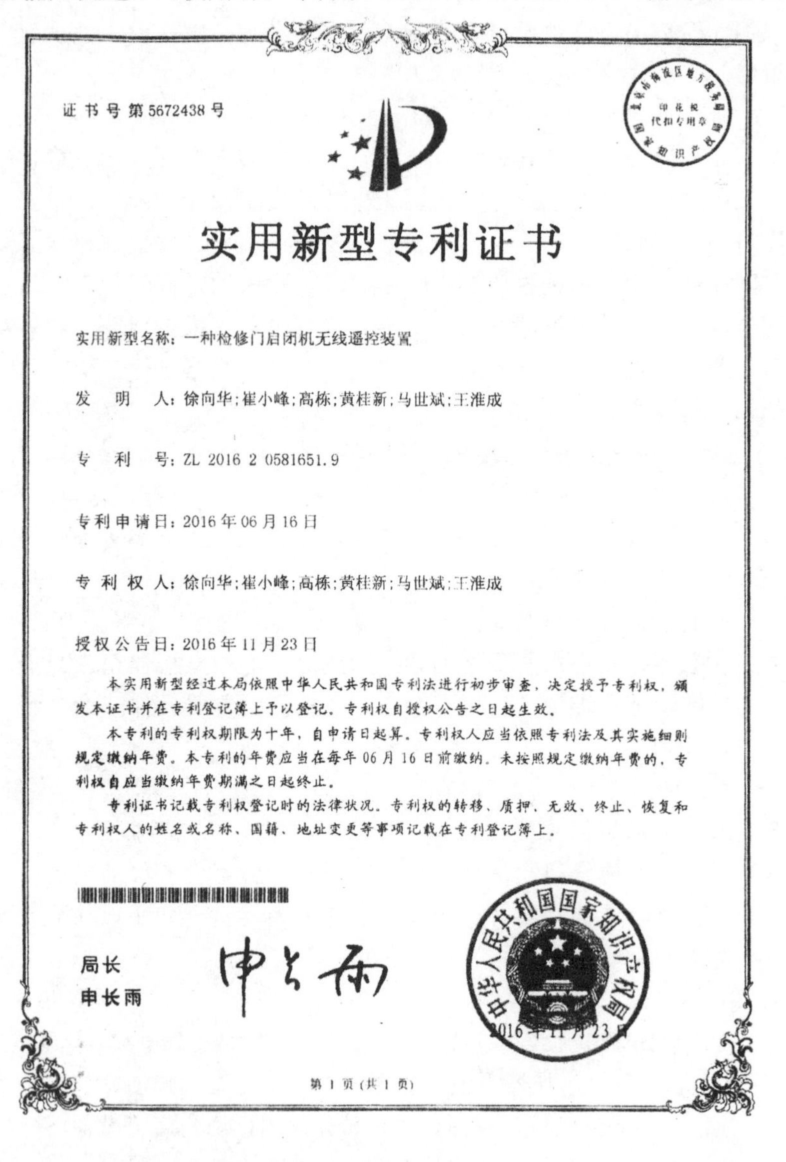

证书号第5672438号

实用新型专利证书

实用新型名称：一种检修门启闭机无线遥控装置

发　明　人：徐向华；崔小峰；高栋；黄桂新；马世斌；王淮成

专　利　号：ZL 2016 2 0581651.9

专利申请日：2016年06月16日

专 利 权 人：徐向华；崔小峰；高栋；黄桂新；马世斌；王淮成

授权公告日：2016年11月23日

本实用新型经过本局依照中华人民共和国专利法进行初步审查，决定授予专利权，颁发本证书并在专利登记簿上予以登记。专利权自授权公告之日起生效。

本专利的专利权期限为十年，自申请日起算。专利权人应当依照专利法及其实施细则规定缴纳年费。本专利的年费应当在每年06月16日前缴纳。未按照规定缴纳年费的，专利权自应当缴纳年费期满之日起终止。

专利证书记载专利权登记时的法律状况。专利权的转移、质押、无效、终止、恢复和专利权人的姓名或名称、国籍、地址变更等事项记载在专利登记簿上。

局长
申长雨

中华人民共和国国家知识产权局
2016年11月23日

第1页（共1页）